입구(入口)론:
예방(豫防)으로 가는 산업안전의 길

입구(入口)론: 예방(豫防)으로 가는 산업안전의 길

공흥두 지음

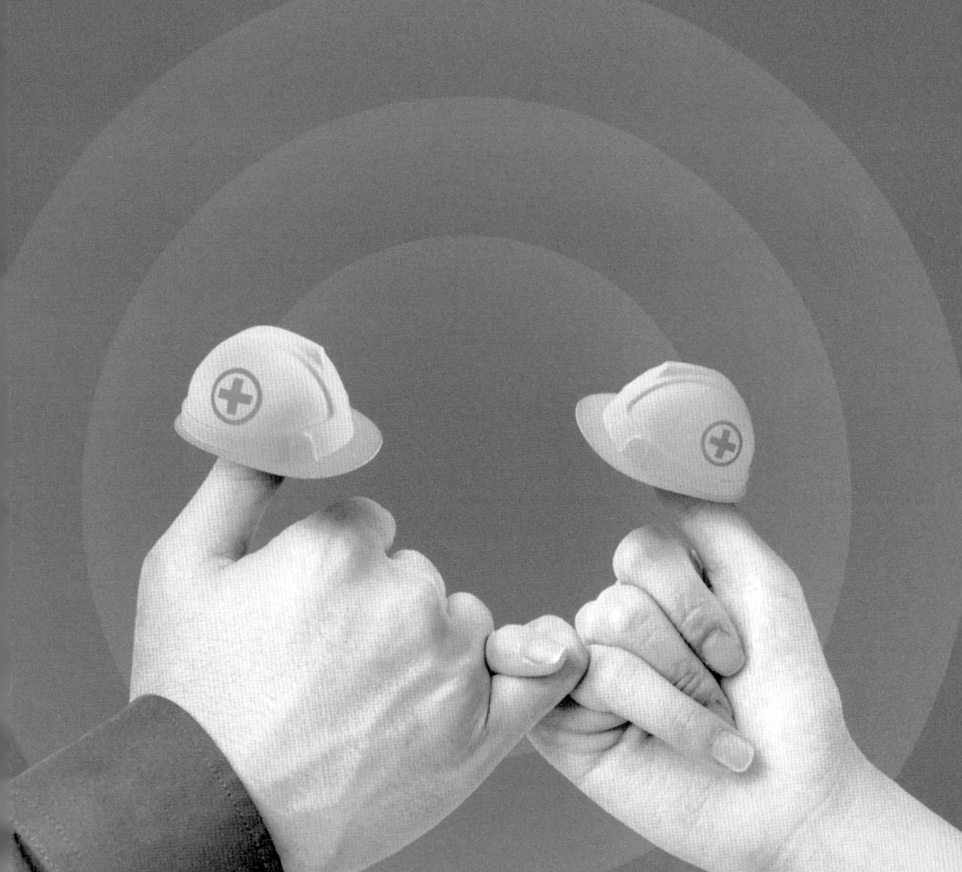

저자 소개

저자는 경남 창원에서 태어나 국립창원대학교 무역학과를 졸업한 뒤, 학군장교(ROTC)로 임관하여 대위로 예편했습니다.

군 복무 시절 그는 단순히 계급장을 다는 것 이상의 경험을 쌓았습니다. 치열한 훈련과 작전 속에서 **책임감, 리더십, 조직을 이끄는 힘**을 몸으로 체득했습니다.

당시 함께했던 동료들은 그를 "늘 한발 앞서 준비하는 장교"라고 불렀습니다.

이 경험은 훗날 산업안전 분야에서 그가 "사고는 미리 막아야 한다"라는 신념을 가지게 되는 밑거름이 되었습니다.

군 생활을 마친 뒤 그는 사회에서 더 큰 사명을 붙잡게 되었습니다.

바로 **산업재해 예방**이었습니다. 안전보건공단에 입사한 그는 30여 년 동안 다양한 보직을 거치며 산업현장의 최전선에서 활동했습니다.

안전보건교육과 홍보를 시작으로, 기업의 안전보건경영시스템 심사와 국제표준 ISO 45001 심사원으로 활동하며, 수많은 기업의 안전관리 수준 향상에 기여했습니다.

공단 본부 인사부장으로 조직 운영을 이끌었고, 경남동부지사장 · 경남지역본부장 · 부울경을 총괄하는 부산광역본부장을 차례로 역임하며 **지역 산업안전의 컨트롤타워** 역할을 했습니다.

그는 직접 수많은 현장을 발로 뛰며 근로자와 경영진을 만나, "예방이 곧 최고의 안전"이라는 메시지를 끊임없이 전했습니다.

그는 경력과 함께 학문적 탐구도 게을리하지 않았습니다.
산업안전기사 자격을 취득하고, 서울대학교 행정대학원에서 공공리더십 과정을 이수하며, **실무 경험과 학문적 기반**을 균형 있게 다져왔습니다.

현재 그는 근로자 안전교육 및 컨설팅 전문기관인 대한창조안전원의 대표로서 후학과 기업들에 오랜 현장경험과 철학을 전파하고 있습니다.

또한 디지털 종합 솔루션 기업인 ㈜마엇의 총괄고문을 맡아 새로운 기술과 안전의 접목을 연구하고 있으며,

현재 많은 기업과 공공기관의 안전경영자문위원, 컨설팅, 특강 등으로 활동 중에 있습니다.

S-OIL · 한화오션 · GS건설 · 한화건설 · 동국씨엠 · 신화철강 등 글로벌 기업

자이 S&D · 선진종합건설 · 섬진건설 · 수원금속 · 화인테크놀러지 등 중견기업

LH · 한국환경공단 · 부산항만공사 · 국토정보공사 · 부산교통공사 · 경남신용정보재단 등 공공기관

안전보건공단 교육원 및 일선기관의 사업주 교육인 경영책임자 및 부산지역 한국노총 위원장 대상 특강, 공공기관 안전수준평가 위원, 안전경영시스템(KOSHA_MS, ISO_45001) 심사위원

그가 평생에 걸쳐 강조해 온 단 하나의 메시지는 단순하지만 강력합니다.
"산업재해는 막을 수 있다. 예방을 통해 우리는 Zero Accident에 다가갈 수 있다."

그의 발자취는 단순한 경력의 나열이 아닙니다.
이는 곧 수많은 생명을 지키기 위해 현장에서 흘린 땀과 눈물, 그리고 끊임없이 이어온 노력의 기록입니다.

저자에게 있어 안전은 직업이 아니라 **소명**이었고, 지금도 그 소명은 현재 진행형입니다.

목차

제1편 ✦ 산업재해의 현실과 사회적 비용

제2편 ✦ 입구론의 철학과 원리

서문

•

왜 지금 '입구론'인가

1994년 10월, 서울 성수대교가 무너져 내렸습니다.

출근길에 오르던 버스와 승용차가 순식간에 한강 속으로 떨어지면서 수십 명의 목숨이 사라졌습니다.

아침 뉴스에 비친 끊어진 다리의 모습은 온 국민을 충격에 빠뜨렸습니다.

사람들은 텔레비전 앞에 멍하니 앉아, "다리가 무너질 수도 있구나"라는, 이전까지는 상상조차 하지 못했던 현실을 받아들여야 했습니다.

그로부터 1년도 채 지나지 않은 1995년 6월, 이번에는 삼풍백화점이 무너졌습니다.

수많은 사람이 장을 보고, 식사를 하고, 일터로서 오가던 공간이
순식간에 폐허로 변했습니다.

수천 톤의 콘크리트가 무너져 내리며, 안에 있던 사람들은 미처
빠져나올 틈조차 없었습니다.

당시의 참혹한 장면은 "대한민국 한복판에서 어찌 이런 일이 가
능할 수 있느냐"라는 절망과 함께 국민 모두에게 각인되었습니다.

그리고 20여 년이 지난 2016년, 구의역 스크린도어 사고가 발생
했습니다.

19살의 젊은 청년 노동자가 홀로 스크린도어를 고치던 중 목숨
을 잃었습니다.

그의 가방 속에서 발견된 컵라면 하나는 그 청년의 일상과, 사회
가 놓친 책임을 상징처럼 남겼습니다.

안전장치가 미비했고, 충분한 인력이 배치되지 않았으며, 최소
한의 보호도 없는 상황에서 또 한 명의 젊은이가 집으로 돌아가지
못했습니다.

이 세 가지 사건은 시대와 장소는 달랐지만, 공통된 메시지를 던집니다.

"사고는 언제나 예방할 수 있었다."

강철로 만든 다리도, 화려하게 지어진 건물도, 첨단 설비가 갖춰진 도시의 지하철역도 결국 무너진 이유는 '예측 불가능한 운명' 때문이 아니었습니다.

사전에 감지할 수 있었던 작은 징후들을 놓쳤기 때문입니다.
균열의 소리, 안전 기준의 무시, 인력의 부족 같은 '입구에서의 경고'를 듣지 못했기 때문에 비극이 일어난 것입니다.

사고가 터지고 나서야 법이 바뀌고, 제도가 강화됩니다.

성수대교 이후에는 정기 안전 점검 제도가 정비되었고, 삼풍백화점 이후에는 건축법이 대폭 개정되었습니다.
구의역 사고 이후에는 안전 매뉴얼과 인력 충원이 논의되었습니다.

하지만 이 모든 변화는 사고 이후에야 찾아왔습니다. 이미 수많
은 목숨이 스러진 뒤에야 이루어진 제도 개선은 안타깝게도 너무
늦은 후회일 뿐입니다.

저자의 경험과 문제의식

저는 지난 30년간 산업안전보건의 최전선에 있었습니다.

위험성 평가, 안전보건경영시스템 심사, 안전보건교육, 중대재
해 원인조사, 그리고 기업과 사회를 대상으로 한 교육과 홍보까지
수많은 현장을 경험했습니다.

그 과정에서 늘 제 귀에 남았던 것은 '만약'이라는 탄식이었습니다.

"만약 그날 작업 절차를 조금만 더 지켰더라면…"
"만약 관리자가 위험 신호를 눈치챘더라면…"
"만약 회사가 예방 설비에 조금만 더 투자했더라면…"

하지만 그 모든 '만약'은 늘 사고가 난 뒤에야 터져 나왔습니다.
그때마다 가슴 깊은 곳에서 뼈아픈 무력감이 밀려왔습니다.

생명을 잃은 뒤에 흘러나오는 후회와 탄식은 누구에게도 진정한 위로가 되지 못하기 때문입니다.

그러나 저는 또 다른 장면도 분명히 목격했습니다.

어느 작은 공장에서 위험성 평가를 통해 기계의 작은 결함 하나를 조기에 발견하고 보수했을 때, 그 후 1년 동안 단 한 건의 사고도 발생하지 않았습니다.

또 다른 기업에서는 근로자가 직접 참여하는 안전 프로그램을 도입했는데, 불량률이 줄어들고, 근로자의 만족도가 높아지면서 오히려 생산성까지 상승했습니다.

이 경험들은 저에게 분명한 진실을 일깨워 주었습니다.

"사고는 운명이 아니다. 사고는 충분히 막을 수 있다. 단, 입구에서 막아야 한다."

입구론의 의미

우리 사회에서 산업재해와 관련된 큰 축은 세 가지가 있습니다.

고용노동부의 감독행정 – 사고 발생 후 법적 처벌과 시정명령

근로복지공단의 산재보상 – 사고 피해자와 가족을 위한 보상

안전보건공단의 예방 활동 – 사고가 발생하지 않도록 사전에 차단

감독은 필요합니다.

보상도 반드시 있어야 합니다.

하지만 이 둘은 어디까지나 '사후적' 조치일 뿐입니다.

사고가 터진 뒤 내려지는 행정처분과 보상은 피해자에게 위로가 되지 못하며, 희생을 되돌릴 수도 없습니다.

그렇다면 진정한 해법은 무엇일까요? 바로 예방, 즉 **입구에서 막는 것입니다.**

물이 불어나기 전에 상류에서 물길을 조절하듯, 사고가 일어나기 전에 위험의 입구를 차단해야 합니다.

작은 경고음을 무시하지 않고, 작은 징후를 과소평가하지 않을 때 큰 재난은 피할 수 있습니다.

저는 이 철학을 '입구론'이라 부릅니다.

독자에게 드리는 마음

이 책은 통계와 제도의 나열이 아닙니다.
제가 몸으로 부딪치며 보고, 듣고, 때로는 함께 울었던 현장의 기록입니다.

책장을 넘기시다 보면, 한 명의 안전 전문가의 분석이자, 동시에 같은 시대를 살아가는 동료 시민의 절박한 호소임을 느끼실 것입니다.

저는 이 책을 통해 독자 여러분이 다시 한번 깨닫기를 바랍니다.

"안전은 비용이 아니라, 우리가 사랑하는 사람들을 지키는 약속"이라는 사실을

"예방은 선택이 아니라, 우리가 함께 살아가기 위한 생존 전략"
이라는 것을

오늘 우리가 입구를 촘촘하게 막는다면, 내일은 누군가의 가족
이 눈물 대신 미소로 하루를 마무리할 수 있습니다.

우리 사회가 사후 처방이 아닌 사전 예방을 중심으로 움직일 때,
비로소 진정한 안전 한국으로 나아갈 수 있습니다.

이 책이 그 길을 함께 걸어가는 작은 등불이 되기를 바랍니다.

입구론, 예방으로 가는 산업안전의 길.

산업재해의 현실과 사회적 비용

제1장 | 산업재해의 현주소
- 통계로 보는 우리 사회의 안전 수준

일상에 숨어 있는 위험

아침 출근길, 공단 앞 버스 정류장에는 안전모를 쓴 근로자들이 줄을 서 있습니다.

손에는 도시락 가방이 들려 있고, 표정에는 하루하루 쌓인 피로가 묻어납니다.

누군가는 이어폰을 꽂고 음악을 들으며 하루를 준비하고, 또 누군가는 옆 동료와 짧은 농담을 주고받으며 잠시 긴장을 풀기도 합니다.

매일 반복되는 익숙한 풍경,

그러나 그 속에는 **보이지 않는 위험**이 도사리고 있습니다.

사람들은 대개 그 위험이 자신에게 닥칠 거로 생각하지 않습니다.
"설마 나에게 그런 일이 생기겠어?"라는 안일한 마음으로 하루를 시작합니다.

그러나 통계는 차갑게 다른 이야기를 들려줍니다.

위험은 늘 존재하고, 그 결과는 생각보다 더 가깝게 다가와 있습니다.

숫자가 말하는 현실

우리나라에서는 매년 약 2천 명의 근로자가 산업재해로 목숨을 잃습니다.
단순히 나누어 보면, 하루 평균 5~6명이 집으로 돌아가지 못한다는 뜻입니다.

한 번의 출근이 영원한 이별이 되는 셈입니다.

통계표로 보면 단순한 숫자처럼 보입니다.

그러나 그 숫자 뒤에는 이름이 있고, 가족이 있고, 삶의 이야기가 있습니다.

예를 들어, 한 건설 현장에서 일하던 50대 근로자는 아침에 출근해 철근을 묶던 중 발을 헛디뎌 추락했습니다.

현장에는 안전난간이 있었지만, 제대로 고정되지 않았습니다.
그날 저녁, 그는 다시 집으로 돌아가지 못했습니다.

남겨진 가족에게는 단순한 '통계 수치 1건'이 아니라, 세상이 송두리째 무너져 내린 순간이었습니다.

통계는 냉정합니다.

산업재해 발생 건수는 줄어드는 듯 보이다가도 특정 업종이나 계절이 되면 다시 급증합니다.
여름 장마철 건설 현장, 연말 물량이 몰리는 제조업, 장거리 운행이 잦은 운수업….

위험은 여전히 곳곳에서 반복되고 있습니다.

줄어들지 않는 곡선은 우리 사회가 아직도 안전의 본질을 놓치고 있다는 증거입니다.

재해가 남기는 그림자

산업재해는 결코 개인의 불행에서 끝나지 않습니다.

사고를 직접 겪지 않은 동료들조차 깊은 불안과 두려움 속에서 일을 이어가야 하고, 기업은 작업이 중단되며 금전적 손실을 감수해야 합니다.

더 나아가 사회 전체는 보상비용, 생산 차질, 대외 신뢰 상실이라는 삼중의 부담을 짊어지게 됩니다.

무엇보다 가족에게는 끝없는 고통이 남습니다. 몇 해 전 만난 한 어머니의 말이 아직도 제 귀에 생생합니다.

"아들이 출근할 때 늘 '다녀오겠습니다' 하고 나갔는데, 그날은 그냥 웃기만 했어요. 그게 마지막이 될 줄은 몰랐습니다."

그 짧은 말 속에는 사랑하는 이를 잃은 슬픔과, 돌이킬 수 없는 후회의 무게가 고스란히 담겨 있었습니다.

재해는 한 사람의 목숨을 앗아가는 데 그치지 않고, 남겨진 수많은 사람의 삶까지 무너뜨립니다.

'사후 처방'의 한계

사고가 일어나면 감독기관은 조사에 들어갑니다.

원인을 분석하고, 법적 조치를 내리고, 재발 방지 대책을 요구합니다.

보상기관은 산재 인정을 통해 피해자와 유가족에게 보상금을 지급합니다.

물론 이는 반드시 필요한 절차입니다.
하지만 이 구조는 **사고가 난 이후**에야 작동합니다.

이미 누군가는 목숨을 잃었고, 이미 가족은 돌이킬 수 없는 상실을 겪은 뒤입니다.

마치 물이 새는 집에서 바닥에 고인 물만 닦아내는 것과 같습니다.

근본적인 해결책은 **지붕의 구멍을 막는 일**, 즉 사전에 예방하는 일입니다.

그렇지 않으면 우리는 계속해서 같은 물을 퍼내야만 할 것입니다.

안전 수준, 아직 갈 길이 멀다

세계 여러 나라와 비교할 때, **우리나라의 산업재해 사망률은 여전히 높습니다.**

북유럽이나 독일, 영국 같은 나라들은 예방 중심 정책을 수십 년간 일관되게 강화하며 사망률을 크게 줄여왔습니다. 안전을 국가 경쟁력의 일부로 본 것입니다.

반면 우리 사회는 여전히 '사고 후 대처'에 많은 자원을 쓰고 있습니다.

한때는 '경제 발전'이라는 명분 아래 안전이 뒷전으로 밀리기도
했습니다.

그러나 이제는 더 이상 미룰 수 없습니다.

경제 성장은 안전 위에서만 가능하며, 안전을 외면한 발전은 오
래가지 못합니다.

안전은 선택이 아니라, 지속 가능한 사회를 위한 필수조건입니다.

독자에게 전하는 질문

여기서 우리는 스스로에게 물어야 합니다.

"나는 오늘 안전하게 퇴근할 수 있을까?"

"내 동료는, 내 가족은, 내 친구는 무사히 하루를 마칠 수 있을까?"

산업재해 통계 속 숫자는 결국 우리 모두의 이야기입니다.

그리고 그 숫자를 줄이는 유일한 길은 '입구에서부터 막는 것',

바로 예방입니다.

이제 다음 장에서는, 왜 예방이야말로 가장 근본적인 해법인지, 그리고 그것이 어떻게 감독과 보상보다 앞서야 하는지를 함께 살펴보겠습니다.

제2장 | 재해의 파급효과
- 근로자, 가족, 기업, 사회에 미치는 충격

하루아침에 무너지는 평범한 일상

아침에 출근할 때만 해도 모든 것은 평범했습니다.

"다녀오겠습니다."

짧은 인사와 함께 집을 나선 가장은, 늘 해오던 일과를 시작했습니다.

집에 남겨진 가족은 언제나처럼 저녁 식탁에서 다시 만나기를 기다렸습니다.

하지만 그날 오후, 회사에서 걸려온 한 통의 전화는 모든 것을 뒤바꿔 놓았습니다.

그는 다시는 집으로 돌아오지 못했습니다.

재해는 이렇듯 한순간에 닥쳐옵니다.

예고 없이, 준비할 틈조차 주지 않은 채 일상의 균형을 무너뜨립니다.

평범했던 하루가 곧 돌이킬 수 없는 운명이 되어버리는 것입니다.

근로자 - 하루아침에 뒤바뀌는 삶

사고는 단 몇 초 만에 근로자의 삶 전체를 바꿔 놓습니다.

평소에 잘 다루던 기계가 갑자기 오작동을 일으키기도 하고, 잠깐의 방심으로 발을 헛디뎌 추락하기도 합니다.

그 결과는 너무도 잔인합니다.

한순간의 사고가 평생의 건강을 앗아가거나, 일터로 돌아갈 수 없는 상황에 놓이게 만듭니다.

한 용접공은 현장에서 화재로 큰 화상을 입었습니다.

두 손의 기능을 잃자, 그는 말했습니다.

"몸이 다친 것도 서러운데, 더 괴로운 건 가족 앞에 당당히 서지 못한다는 겁니다.

일할 수 없다는 게 이렇게 무거운 고통일 줄은 몰랐습니다."

사고는 단순히 신체적 상처에 그치지 않습니다.

일할 수 있는 자부심, 가족을 책임진다는 존재감, 사회 속에서의 정체성까지 흔들어 놓습니다.

근로자는 더 이상 '일하는 사람'이 아니라, '돌봄을 받아야 하는 사람'으로 전락할 위험에 직면합니다.

정신적 충격 또한 큽니다.

우울증, 무기력, 사회적 단절은 근로자가 다시 일어서는 것을 더욱 어렵게 만듭니다.

결국 한 번의 사고가 인생 전반의 궤도를 바꾸어 놓는 것입니다.

가족 - 눈물과 상실로 이어지는 파급효과

가족에게 재해는 곧 삶의 붕괴입니다.

사고 소식을 듣는 순간부터 그들의 시간은 멈춥니다.

병원 응급실 앞에서, 수술실 문 앞에서, 장례식장에서 가족은 절망 속에 하루하루를 버텨야 합니다.

구의역에서 스크린도어를 고치다 목숨을 잃은 청년의 어머니는 언론과의 인터뷰에서 이렇게 말했습니다.

"우리 아이가 다시는 돌아올 수 없다는 사실을 받아들이기까지 너무 오래 걸렸습니다.

매일 같은 역 앞을 지나면서도, 아직도 그곳에 아이가 있을 것만 같습니다."

이렇듯 가족은 단순히 '남겨진 사람들'이 아닙니다.

그들 역시 또 다른 피해자입니다.

경제적 어려움, 정서적 붕괴, 끝없는 그리움이라는 삼중고를 안고 살아가야 합니다.

특히 생계가 가장의 수입에 의존해 있던 가정이라면, 갑작스러운 경제적 공백은 빚과 생활고로 이어지고, 이는 다시 사회적 복지의 부담으로 전가됩니다.

기업 – 멈춰 서는 생산과 흔들리는 신뢰

재해가 기업에 미치는 영향은 단순한 손실에 그치지 않습니다.

사고가 발생하면 우선 공정이 중단되고 생산이 지연됩니다.

감독기관의 조사, 언론 보도, 행정처분까지 이어지면 기업의 이름은 '안전하지 못한 회사'라는 낙인이 찍히게 됩니다.

한 중소기업은 사망사고 발생 이후 3개월 이상 생산을 정상화하지 못했습니다.
거래처는 불안을 느껴 계약을 취소했고, 신규 계약도 끊겼습니다.

한 번의 사고가 회사의 존속 자체를 위협하는 현실이 된 것입니다.

더 큰 문제는 근로자들의 신뢰입니다.
"이 회사에서 일해도 괜찮을까?"라는 의문이 퍼지면 직원들의 사기는 떨어지고, 이직률이 급격히 올라갑니다.

결국 기업은 인력난과 재정난이라는 이중의 고통을 겪습니다.

안전은 단순한 규정 준수의 문제가 아닙니다.

기업의 미래, 브랜드 신뢰, 나아가 시장 경쟁력의 핵심 자산이 되는 것입니다.

사회 - 보이지 않는 거대한 비용

재해는 사회 전체에도 보이지 않는 그림자를 드리웁니다.

국가는 산재 보상금과 의료비를 지출해야 하고, 노동력 손실이라는 막대한 비용을 떠안아야 합니다.

연간 산재보험료 수입은 약 9조 원대, 산재보상 지출액은 7조 원 이상에 달합니다.

여기에 생산 차질, 대체 인력 투입, 사회적 불신 등 직접비용과 간접비용을 합치면 매년 40조 원 이상의 사회적 자원이 사라집니다.

이 비용은 결국 국민이 모두 세금과 보험료로 부담하게 되는 '보이지 않는 세금'입니다.

재해가 반복되면 국민의 불안감은 커집니다.

"저 현장에서 일하는 건 위험해."
"저 회사 제품을 믿어도 괜찮을까?"

이러한 불신은 산업 전반의 신뢰를 떨어뜨리고, 사회적 연대를 약화시킵니다.
안전에 대한 불안이 일상에 스며들면, 공동체의 결속력조차 위협받게 됩니다.

하나의 사고, 수많은 파장

산업재해는 결코 '한 사람의 문제'로 끝나지 않습니다.

근로자의 삶, 가족의 일상, 기업의 존립, 사회의 신뢰까지 모든 것을 뒤흔듭니다.

그리고 그 파장은 사고가 난 순간에 멈추지 않고, 수년, 수십 년 동안 이어집니다.

우리가 예방을 이야기하는 이유는 단순히 '사람 하나 살리자'라는 수준이 아닙니다.

그 한 사람을 지키는 일이 곧 가족을 지키고, 기업을 살리고, 사회 전체를 지키는 일이기 때문입니다.

다음을 향해

이 장에서는 재해가 남기는 깊은 상처와 파급효과를 살펴보았습니다.

다음 장에서는 왜 '사후 처방'에만 의존하는 구조가 근본적인 한계에 부딪힐 수밖에 없는지, 그리고 예방 중심의 전환이 왜 절실한지를 다루어 보겠습니다.

제3장 | **사후 처방의 한계**
– 감독과 보상에 의존한 구조의 문제점

사고 이후에야 움직이는 구조

한 건설 현장에서 근로자가 추락하는 사고가 발생했습니다.

곧바로 고용노동부 감독관이 현장에 들어와 작업일지와 안전관리 계획을 꼼꼼히 확인합니다. 그리고 현장 소장에게 질문을 던집니다.

"안전난간은 왜 제대로 설치되지 않았습니까?
사전에 점검하지 않은 이유는 무엇입니까?"

조사는 치밀하게 이루어졌습니다. 과태료가 부과되었고, 현장은 일정 기간 작업 중지 명령을 받았습니다.

이어서 근로복지공단은 유가족에게 산재보상 절차를 안내했습니다.

모든 법적 절차는 '정상적으로' 흘러갔습니다.

그러나 문제는 그때부터 시작입니다. 사고는 이미 일어났고, 잃어버린 생명은 절대 돌아오지 않습니다.

남겨진 가족에게 보상금은 잠시의 위로가 될 수 있을지언정, 그 공허한 빈자리를 채워주지는 못합니다.

감독의 한계 - 사후 제재 중심

감독행정은 기본적으로 **사고 이후**에 힘을 발휘합니다.

사고 원인을 조사하고, 법 위반 사항을 적발하며, 기업에 시정명령이나 처벌을 내립니다. 물론 이는 반드시 필요한 일입니다.

기업에 긴장감을 주고, 다시는 같은 사고가 나지 않도록 경고하는 효과도 있습니다.

그러나 구조적으로 보면, 감독은 어디까지나 '사후적 조치'에 머물러 있습니다.

매번 사고가 터진 뒤에야 행정력이 집중되는 방식은 본질적으로 늦습니다.

비유하자면, 집에 불이 난 후 소방차가 출동해 불길을 잡는 것과 같습니다.

불을 끄는 것도 중요합니다.

하지만 더 중요한 것은 애초에 불이 나지 않도록 전기 배선을 점검하고, 화재경보기를 설치하는 일입니다.

지금의 구조는 불이 난 뒤에야 소방차가 출동하는 것과 같으며, 이미 타버린 집은 복구할 수 없습니다.

보상의 한계 – 돈으로 환산할 수 없는 것들

근로복지공단의 산재보상 제도는 우리 사회의 중요한 안전망입니다.

치료비와 연금 지원을 통해 피해자와 유가족의 생계를 일정 부분 보호합니다.

　그러나 아무리 제도가 잘 갖춰져 있다 하더라도, 그것이 사고 자체를 막아주지는 못합니다.

　예를 들어, 한 30대 가장이 기계에 손이 끼어 평생 장애를 입었다고 가정해 봅시다.

　그는 연금과 치료비를 지원받으며 생활합니다.
　제도적으로는 보호받는 셈입니다.

　그러나 그가 느끼는 상실감, 그리고 가족이 겪는 고통은 **돈으로는 결코 메울 수 없습니다.**

　아이들과 마음껏 놀아줄 수 없는 아버지, 경제적 부담을 홀로 떠안게 된 배우자, 장래가 불안해진 아이들…. 이런 현실 앞에서 "보상이 있으니 괜찮다"라고 말할 수 있을까요?

　결국 보상은 사고 이후의 상처를 조금 덜어줄 뿐, **사고를 막아주는 근본적 해법은 아닙니다.**

사후 처방만으로는 안 되는 이유

사후 처방 구조에는 몇 가지 뚜렷한 한계가 있습니다.

돌이킬 수 없다 – 한 번 잃은 생명은 다시 돌아오지 않습니다.

비용이 눈덩이처럼 커진다 – 사고 후의 조사 · 보상 · 기업 손실 · 사회적 불신은 예방 비용의 수십 배에 달합니다.

두려움의 악순환 – 사고 후 처벌이 두려워 기업은 사고 사실을 축소하거나 숨기려 하고, 근로자는 불안 속에서 일합니다.

본질적 변화 부재 – 구조적으로 예방 체계가 강화되지 않는 한, 같은 사고가 또다시 반복됩니다. 즉, 사후 처방은 불가피합니다.

하지만 절대 **충분하지 않습니다.**

예방이 곧 해답

산업안전은 결국 "사전에 막느냐, 아니면 사고 후에 대응하느냐"의 문제입니다.

사후 처방에만 머물러서는 산업재해를 근본적으로 줄일 수 없습니다.

성수대교 붕괴, 삼풍백화점 참사, 태안화력 발전소 사고, 구의역 사고….

모두 사고 이후에야 대책이 강화되었습니다.

그러나 그 대책들이 사고 이전에 시행되었다면 수많은 생명을 살릴 수 있었습니다.

사고를 막는 가장 확실한 방법은 위험이 본격적으로 커지기 전에 입구를 차단하는 것입니다.

"입구론", 바로 예방 중심의 안전 패러다임을 이야기해야 하는 이유가 여기에 있습니다.

다음을 향해

이 장에서는 '사후 처방' 중심 구조가 갖는 한계를 살펴보았습니다.

이제 다음 장에서는, 예방 중심의 새로운 관점인 **입구론의 철학과 원리**가 무엇인지, 그리고 그것이 어떻게 우리 사회의 안전 문화를 바꾸어 나갈 수 있는지를 구체적으로 다루어 보겠습니다.

제2편

입구론의 철학과 원리

제4장 │ 입구론의 개념
– "입구를 막으면 흐름이 줄어든다"

강물이 흘러내리기 전에

한여름 장마철, 산속에서 불어난 계곡물이 마을로 들이닥칩니다.

비는 쉴 새 없이 퍼붓고, 계곡의 물은 순식간에 불어나 격렬하게 내려옵니다.

마을 사람들은 허둥지둥 모여 흙포대를 나르고, 급히 제방을 보강합니다.

하지만 이미 불어난 물줄기를 막아내기에는 역부족입니다.

한순간에 논밭이 흙탕물에 휩쓸리고, 집들이 잠겨버리며, 평범했던 마을의 일상은 흔적도 없이 바뀌어버립니다.

그제야 마을의 한 어른이 안타까운 목소리로 말합니다.

"저 위 산자락에서 물길을 돌렸다면 이렇게 되지 않았을 텐데…"

사고란 언제나 이와 같습니다.

사건이 터진 뒤에야 다급하게 움직이고, 감독과 보상으로 수습하려 하지만, 이미 돌이킬 수 없는 상실이 발생한 뒤입니다.

흘러내린 물을 아래에서 막으려는 것과 다르지 않습니다.

진정한 해법은 상류에서, 즉 위험이 흘러 들어오는 '입구'에서부터 차단하는 것입니다.

입구론이란 무엇인가

저는 이 사고 예방 철학을 '입구론'이라고 부르고 있습니다.

석유화학, 자동차, 조선, 방산 등 우리나라 중후 장대한 산업과 수많은 협력사가 몰려 있는 부울경 지역에서 11년간 근무하며, 기업 경영진 특강, 언론 인터뷰 등을 통해 수없이 외쳤던 주장이기도 합니다.

말 그대로, 사고의 흐름이 시작되는 입구에서 원인을 찾아 차단하자는 것입니다.

위험성 평가를 통해 보이지 않는 '잠재된 위험'을 미리 찾아내는 PSM(공정안전관리)과 유해위험방지계획서를 통해 대형 사고의 씨앗을 싹부터 관리하는 것,
작업 중 반드시 필요한 안전난간, 추락 방지대, 보호구와 같은 기본 안전장치를 꼼꼼히 설치하는 것.

이 모든 과정이 바로 '입구를 막는 일'입니다.

작은 균열을 제때 메우면 큰 붕괴를 막을 수 있고, 미리 신호를 읽어내면 비극을 예방할 수 있습니다.

입구에서부터 위험을 차단하면 그 뒤에 따라오는 수많은 감독 · 보상 · 재해 비용은 자연스럽게 줄어듭니다.

그간 정부 정책이 감독과 보상 중심인 출구에 있었다면

이제부턴 기술력과 전문성을 갖춘 예방 전문조직을 확대, 강화하여 입구를 튼튼히 하고,

기업도 안전 조직을 중심으로 예방에 역량을 집중하는 것이 합리적인 의사결정이 될 것입니다.

현장의 이야기

얼마 전 만난 한 소규모 제조업체 사장님의 사례가 있습니다.

그 회사는 처음으로 위험성 평가를 도입했습니다.
사장은 직원들과 함께 현장을 돌며 차근차근 점검했습니다.

"이 기계의 덮개가 헐거워서 손이 낄 수 있겠네요."
"이 통로는 자재가 쌓여 있어 넘어질 위험이 있습니다."

사소하게 보이던 문제들이 눈에 보이기 시작했습니다.
평소에는 대수롭지 않게 넘겼던 위험이 종이에 적히자,
그 순간부터는 외면할 수 없는 '현실'로 다가왔습니다.

사장은 말했습니다.

"솔직히 다들 알고는 있었지만, 막상 눈으로 확인하니 우리 현장
이 위험투성이더군요.
그걸 고치고 나니 직원들이 안심하고 일할 수 있게 됐습니다.
그때야 비로소 깨달았습니다.
예방은 비용이 아니라 투자라는 걸."

그해, 그 사업장은 단 한 건의 사고도 발생하지 않았습니다.

큰돈을 들이지 않았지만,
**위험의 입구를 단단히 막아둔 것만으로도 안전과 성과가 동시에
찾아온 것입니다.**

왜 '입구'인가

많은 사람은 '안전관리'라고 하면 곧 법규 준수, 서류 작성, 감독
대비를 떠올립니다.

회의실 안에서의 보고서, 점검표, 인증 심사에 맞춘 형식적인 대응이 안전의 전부라고 착각하기도 합니다.

그러나 이것은 **안전의 본질이 아닙니다.**
안전의 핵심은 **현장에서 위험이 시작되는 순간을 붙잡는 것입니다.**

불이 번지기 전에 작은 불씨를 *끄듯*, 조그만 금이 큰 붕괴로 이어지기 전에 보수하듯, 안전은 결국 '**입구를 지키는 일**'에서 **출발합니다.**

입구론은 복잡한 안전 대책들을 단 하나의 문장으로 단순화합니다.

"입구를 막으면 흐름이 줄어든다."

사고를 줄이는 열쇠는 멀리 있지 않습니다.
위험의 출발점을 관리하는지, 아니면 그냥 흘려보내는지.

이 선택 하나가 기업의 미래, 가족의 안전, 사회의 신뢰를 결정짓습니다.

입구론은 단순한 기술적 방법론이 아닙니다.
이는 **안전을 바라보는 관점 자체를 바꾸는 철학**입니다.

감독은 '사후적 통제'입니다. 사고가 난 뒤에야 개입합니다.

보상은 '사후적 구제'입니다. 이미 생긴 상처를 조금 덜어줄 뿐입니다.

반면, **예방**은 '사전적 차단'입니다. 애초에 위험이 닥치지 않도록 길목을 지키는 행동입니다.

입구론은 바로 이 사전적 차단에 초점을 맞춥니다.
안전을 비용이나 규제의 짐으로 보는 시각에서 벗어나, 미래를 지키는 가장 현명한 투자로 바라보자는 철학입니다.

다음을 향해

이 장에서는 입구론의 기본 개념과 그 철학적 뿌리를 살펴보았습니다.

이제 다음 장에서는 "안전의 경제학 – 비용이 아니라 투자"라는 주제를 통해, 왜 예방이 기업과 사회 모두에게 경제적 이익을 가져오는지, 그리고 그것이 어떻게 장기적인 경쟁력으로 이어지는지를 구체적으로 살펴보겠습니다.

제5장 │ 안전의 경제학
– 비용이 아니라 투자

'돈'으로만 계산할 수 있을까

한 중소기업 사장님은 늘 이렇게 말했습니다.

"안전장치 설치하려면 수천만 원이 든다는데, 우리 같은 작은 회사가 그걸 어떻게 합니까? 차라리 벌금 내고 말죠."

처음 이 이야기를 들었을 때, 제 마음은 씁쓸했습니다.
하지만 동시에 이해도 갔습니다.
기업인의 눈앞에는 늘 당장의 매출, 생산량, 원가 절감 같은 숫자가 보이기 마련이니까요.

기계를 새로 들이면 생산량이 늘고, 광고를 하면 매출이 오릅니다.

하지만 안전설비를 보강한다고 해서 그날 바로 매출이 오르는 것은 아닙니다.

당장의 수익으로만 판단한다면, 안전에 쓰는 비용은 '투자'가 아니라 '불필요한 지출'로 보일 수밖에 없습니다.

그러나 경제학의 기본 원리는 분명히 알려줍니다.

단기적으로는 비용처럼 보이는 것이 장기적으로는 가장 큰 수익을 가져다줄 수 있다는 사실입니다.

교육비가 당장은 손실처럼 보이지만 결국 인재를 키워내듯, 안전 비용도 눈에 잘 보이지 않는 방식으로 기업의 미래를 지탱합니다.

사고 한 번이 남기는 경제적 손실

얼마 전 한 사업장에서 화재가 발생했습니다.
직원 한 명이 심각한 화상을 입었고, 기계 몇 대가 불에 탔습니다.

겉으로 드러난 직접 손실은 수천만 원이었습니다.
그러나 이야기는 거기서 끝나지 않았습니다.

사고 조사기간 동안 전 공정이 중단되어 발생한 생산 차질,
언론 보도로 인한 거래처의 불신과 계약 취소,
직원들의 사기 저하와 숙련 인력의 이탈,
피해자의 치료비, 산재 보상금, 법적 소송 비용,
그리고 기업 이미지 실추로 인한 장기적인 매출 감소.

이 모든 비용을 합산하자 수억 원을 훌쩍 넘어섰습니다.
경영자는 그제야 탄식했습니다.

"차라리 미리 안전설비에 투자했더라면 이렇게 큰 손실은 보지
않았을 텐데…."

사실, 사고 이전에 1억 원만 투자했더라도 충분히 예방할 수 있
었던 일이었습니다.

안전에 쓰지 않은 돈은 결국 더 큰 손실로 되돌아옵니다.

이것이 바로 "안전의 경제학"의 출발점입니다.

예방은 곧 최고의 절약

세계적인 글로벌 기업들은 왜 막대한 비용을 안전에 쏟아부을까요?

처음에는 낭비처럼 보일 수 있습니다.
안전 교육, 설비 교체, 정기 점검, 보호 장비 지급…. 겉으로 보기에는 생산과 직접 관련이 없는 비용입니다.
그러나 그 기업들은 알고 있습니다.

사고가 줄어들면 생산 중단이 없다.

기계와 사람이 멈추지 않고 돌아가면, 결국 생산성은 꾸준히 유지됩니다.

근로자들이 안심하고 일할 때 품질과 효율이 높아진다.
불안과 긴장 속에서 하는 일은 집중력이 떨어지지만, 안전한 환경에서는 능력이 배가됩니다.

안전한 회사라는 평판이 곧 브랜드 가치다.

글로벌 기업일수록 협력사와 소비자에게 신뢰를 잃지 않는 것을 최우선 가치로 삼습니다.

안전은 그 신뢰를 지탱하는 보이지 않는 기둥입니다.

안전은 단순한 '보험료'가 아닙니다.

이는 미래의 불확실성을 줄이는 최고의 절약책이자, 가장 확실한 수익 창출 전략입니다.

한 근로자의 목소리

현장에서 만난 한 근로자는 이렇게 말했습니다.

"사장님이 안전에 돈을 아끼지 않으시니 저희도 마음이 놓입니다. 다치지 않는 게 제일 큰 복지잖아요."

이 짧은 말은 중요한 메시지를 담고 있습니다.

기업이 안전에 투자하는 순간, 단순히 사고를 예방하는 것을 넘어 **근로자의 마음을 얻는 것**입니다.

신뢰받는 기업에서 일하는 직원은 더 열심히, 더 오래, 더 충성스럽게 일합니다.
안전 투자는 곧 사람을 지키는 일이자, 사람을 통해 성과를 만들어 내는 일입니다.

안전은 투자다

경제학적으로 투자란 현재의 자원을 미래의 더 큰 가치를 위해 쓰는 행위입니다.

주식에 투자하면 배당과 시세 차익으로 돌아오듯, 안전에 투자하면 **생산성 · 신뢰 · 브랜드 가치**로 돌아옵니다.

근로자에게는 **생명을 지켜주는 가장 확실한 보험**이 되고,

기업에는 생산성을 높이고 인재를 붙잡는 자산이 되며,

사회 전체에는 보상비용을 줄이고 지속가능성을 확보하는 기반이 됩니다.

우리가 "안전은 비용이 아니라 투자다"라고 말하는 이유는 단순히 원론적 수사가 아니라, 실제 현장에서 수없이 검증된 사실이기 때문입니다.

투자는 시간이 걸리지만, **결국 이익과 신뢰라는 형태로 반드시 돌아옵니다.**

무엇보다 그 성과는 금액으로 환산할 수 없는 '**사람의 생명**'이라는 가장 소중한 가치를 포함합니다.

다음을 향해

이 장에서는 안전을 단순한 비용이 아닌 **투자**라는 관점에서 살펴보았습니다.

이제 다음 장에서는, 예방이 단순한 선택이 아니라 어떻게 **감독과 보상의 선행조건**이 되는지를 구체적으로 살펴보겠습니다.

결국, 예방이 제대로 자리 잡을 때 비로소 규제가 완화되고, 보상의 부담도 줄어드는 선순환이 시작됩니다.

제6장 | 예방이 곧 최고의 규제
– 감독 · 보상의 선행조건

사고 현장에서 만난 감독관

한 제조업체에서 기계 협착 사고가 발생했습니다.

작업자가 기계 사이에 손이 끼이는 바람에 큰 부상을 당했고, 그 즉시 고용노동부 감독관이 현장에 도착했습니다.

그는 안전관리일지를 들춰보며 대표와 안전관리자를 향해 날카롭게 물었습니다.

"안전난간은 왜 제대로 설치되지 않았습니까?
작업 표준을 지키지 않은 이유는 무엇입니까?"

조사는 꼼꼼하게 진행되었습니다.

위반 사항이 낱낱이 드러났고, 과태료가 부과되었으며, 현장은 일정 기간 작업 중지 명령을 받았습니다.

근로복지공단은 피해 근로자에게 치료비와 휴업급여를 안내했습니다.

겉으로 보기에는 법과 제도가 정상적으로 작동하는 듯 보였습니다.

그러나 정작 가장 중요한 질문은 여전히 공허하게 남아 있었습니다.

"왜 이런 사고가 애초에 일어나지 않도록 하지 못했을까?"

감독의 한계 - 뒤늦은 채찍의 그림자

감독행정은 분명 필요합니다.

사고 원인을 규명하고, 법적 책임을 물으며, 기업에 시정명령을 내립니다.

하지만 감독은 기본적으로 **사고가 난 이후**에야 가동됩니다.

사고 뒤에 내려지는 처벌은 경각심을 주지만, 이미 누군가의 생명이 꺼진 이후라면 그것은 경고가 아니라 **뒤늦은 후회**일 뿐입니다.

마치 자동차가 벽에 부딪힌 후에야 안전띠를 매라는 경고문을 읽는 것과 같습니다.

경고가 아무리 날카롭다 해도, 이미 발생한 상처를 되돌릴 수는 없습니다.

더구나 '처벌 중심'의 감독은 기업이 위험을 드러내지 않고 **숨기게 만드는 역효과**를 낳을 때도 있습니다.

두려움이 혁신과 개선을 이끌기보다, 은폐와 회피를 부르는 구조라면 진정한 안전 문화는 뿌리내릴 수 없습니다.

보상의 한계 - 숫자로는 환산할 수 없는 손실

보상 제도는 사회적 안전망으로서 반드시 필요합니다.

다친 근로자와 가족이 최소한의 생활을 이어갈 수 있도록 돕는 것은 국가와 기업의 책임이자 의무입니다.

그러나 보상의 한계는 분명합니다.

한 30대 가장이 기계에 손이 끼어 평생 장애를 입었다고 가정해 봅시다.

그는 일정한 연금과 치료비를 지원받습니다. 제도적으로는 보호받는 것처럼 보입니다.

하지만 그는 말합니다.

"아이랑 손잡고 공원에 나가는 게 소원이에요. 아무리 돈을 받아도, 이 손을 다시 쓸 수는 없잖아요."

그의 말처럼, 돈은 상실된 건강과 존엄, 가족의 슬픔을 대체할 수 없습니다.

보상은 상처를 조금 덜어주는 '응급조치'일 뿐, 생명을 지키는 진정한 해법은 되지 못합니다.

예방이야말로 최고의 규제

산업안전의 본질은 결국 이 질문으로 귀결됩니다.

"사고가 난 뒤에 고칠 것인가, 아니면 애초에 사고가 일어나지 않도록 막을 것인가?"

감독과 보상은 사후 대응이지만, 예방은 **사전 차단**입니다.

만약 추락 방지대가 미리 설치되어 있었다면,
만약 기계의 덮개가 제대로 고정되어 있었다면,
만약 작업자가 충분한 교육을 받고 절차를 지켰다면,
감독관이 출동할 이유도, 보상 절차가 진행될 이유도 없었을 것입니다.

예방이 제대로 작동하는 순간, 감독은 더 이상 '벌주는 존재'가 아니라 '조력자'가 됩니다.
보상제도 역시 '사후 구제'가 아니라 '최후의 안전망'으로만 기능하게 됩니다.

예방이 탄탄히 자리 잡아야만 다른 제도들이 진정한 의미를 갖습니다.

그래서 저는 말합니다. "예방은 최고의 규제"라고.

현장의 교훈

한 건설 현장에서 안전난간을 설치하지 않아 추락 사고가 발생한 적이 있습니다.

결국 회사는 과태료를 내고, 그제야 난간을 보강했습니다.
하지만 바로 옆 현장에서는 사전에 충분한 안전시설을 갖추고 작업을 시작했습니다.
결과는 극명했습니다.
같은 기간 동안 한쪽은 사고로 공사가 중단되고, 다른 한쪽은 사고 없이 일정대로 작업을 마칠 수 있었습니다.

차이는 단순했습니다.

"사고 후에 고쳤느냐, 사고 전에 막았느냐."

이 사례는 예방이 가진 힘을 보여줍니다.
예방은 더 이상 '규제를 지키기 위한 최소한의 조치'가 아닙니다.

사고를 근본적으로 줄이고, 불필요한 규제를 스스로 해소하는 가장 강력한 방법입니다.

정부와 기업이 함께 만들어야 할 길

그렇다면 어떻게 해야 할까요?
정부의 역할은 명확합니다.

산재 예방은 긴 호흡이 필요합니다.
특정 정부 임기 내 실적을 기대하기보다, 중장기적인 로드맵을 통한 지속성 유지입니다.

산재예방전문기관의 전문성과 기술력을 강화하고,
이들을 통해 경영진의 안전 경영 철학과 기업 특성에 맞는 산재 예방시스템을 갖춰 현장에서 작동하도록 확인, 점검해야 합니다.

특히, 현장의 위험을 미리 찾아내는 시스템을 제도적으로 뒷받침해야 합니다.

규제의 목적은 기업을 옥죄기 위함이 아니라, 사고를 막고 사회 전체의 비용을 줄이기 위함이기 때문입니다.

기업에도 과제가 있습니다.

대기업은 스스로 **안전보건 체계**를 구축해 자율적으로 재해 예방 역량을 강화해야 합니다.
그뿐만 아니라 사내외 협력사나 지역 내 중소기업에 산재 예방 노하우 제공 등으로 상생을 통한 안전보건 낙수효과를 창출해야 할 것입니다.

반면, 인력과 자금이 부족한 50인 미만 산재 취약기업에는 정부와 안전보건공단이 집중적으로 지원해야 합니다.

위험성 평가 등 기술 지원, 전문가 지역별 전담제, 안전관리 프

로그램 제공 등 재정적 보조가 함께 이루어질 때,

대기업과의 산재 예방 역량 격차를 줄이고 산업 전반의 안전 수준이 고르게 올라갈 수 있습니다.

다음을 향해

이 장에서는 **사후 처방 중심 구조의 한계**를 짚고, 왜 예방이야말로 감독과 보상의 진정한 선행조건인지를 살펴보았습니다.

이제 다음 장에서는 "해외 모델에서 배우는 예방 패러다임 – EU, 일본, 북유럽 사례"를 통해, 세계 각국이 어떻게 예방을 국가 전략으로 삼아왔는지를 구체적으로 탐구해 보겠습니다.

제7장 | 해외 모델에서 배우는 예방 패러다임
– EU, 일본, 북유럽 사례

유럽연합(EU) – "위험은 사전에 관리한다"

1990년대, 유럽 전역을 충격에 빠뜨린 여러 대형 화학사고와 건설 현장 붕괴 사고는 유럽 사회의 인식을 근본적으로 바꿔 놓았습니다.

그전까지는 우리나라와 크게 다르지 않았습니다.

사고가 터진 뒤에야 책임자를 처벌하거나 보상 절차를 밟는 방식이 일반적이었지요.

하지만 끊임없이 반복되는 대형 사고는 국가의 신뢰를 무너뜨렸고, 사회적 비용은 눈덩이처럼 불어났습니다.

결국 유럽연합(EU)은 과감히 '사고 이후'가 아닌 '사고 이전'에 집중하는 안전 패러다임을 도입하기 시작했습니다.

그 대표적인 조치가 바로 **위험성 평가(Risk Assessment)의 법적 의무화**입니다.

모든 기업이 규모와 상관없이 반드시 사업장의 위험 요인을 사전에 평가하고, 그 결과를 문서로 남기며, 근로자와 함께 공유하도록 한 것입니다.

감독기관은 사고가 난 후에 현장을 찾아오기보다, 평소 위험성 평가가 제대로 이루어졌는지를 먼저 확인합니다.
즉, **사고를 막기 위한 준비 과정 자체가 감독의 주요 기준이 된** 것이지요.

그 결과는 놀라웠습니다.

유럽 주요 국가는 꾸준히 산업재해 사망률을 낮추었고,
기업들은 처음엔 "행정 부담이 늘었다"라고 불평했지만
시간이 흐르자 오히려 안전 투자 덕분에 **보험료 절감, 생산성 향**

상, 우수 인력 확보라는 실질적인 성과를 체감했습니다.

이는 마치 건강검진을 정기적으로 받아 큰 병을 예방하는 것과 비슷합니다.

검진은 비용처럼 보이지만, 막상 큰 병을 미리 막는다면 그 가치와 효과는 돈으로 환산하기 어렵습니다.

일본 – "작은 위험을 놓치지 않는다"

일본은 우리와 마찬가지로 제조업과 건설업의 비중이 높은 나라입니다.

1970~80년대, 일본도 산업재해 문제로 큰 고통을 겪었습니다.

그러나 일본은 특유의 집단 문화와 현장 중심의 사고를 바탕으로 "KY 운동(Kiken Yochi, 위험예지 훈련)"을 발전시켰습니다.

KY 운동은 작업을 시작하기 전, 작업자들이 모여서 현장에서 예상되는 위험 요소를 입으로 직접 말하고, 손동작으로 '안전 확인'을 하는 훈련입니다.

예를 들어, 전동 공구를 사용하기 전 동료들이 함께 "전원 확인!", "보호구 착용!", "작업 구역 정리 완료!"라고 외치며 몸짓으로 확인합니다.

언뜻 보면 형식적인 구호 같지만, 이러한 반복은 작업자의 몸에 습관을 새깁니다.

결국 **작은 위험을 말로 짚어내는 단순한 행동이 큰 사고를 막는 힘으로 작용한 것입니다.**

실제로 KY 운동이 전국적으로 확산한 이후 일본의 산업재해 사망자 수는 눈에 띄게 줄었습니다.

작은 행동 하나가 큰 변화를 만들어 낼 수 있다는 사실,
그리고 **'습관화된 예방'이야말로 안전 문화의 기초라는 교훈을** 일본의 경험은 우리에게 전해줍니다.

덴마크, 스웨덴, 노르웨이 등 북유럽 국가들은 또 다른 관점을 보여줍니다.

그들에게 **안전**은 선택이나 규제가 아니라, 모든 사람이 누려야 할 기본적인 권리입니다.

이 지역에서는 정부가 지나치게 강하게 규제하지 않아도, 기업이 스스로 안전에 투자합니다.

왜냐하면 안전을 소홀히 하는 것은 곧 '사람을 존중하지 않는다' 라는 신호로 받아들여지고, 이는 곧 사회적 비난과 시장에서의 배제로 이어지기 때문입니다.

기업과 노동자가 함께 안전보건위원회를 꾸려 협력적으로 위험을 관리하는 것도 이러한 문화적 토대 위에서 가능한 일입니다.

북유럽 국가들은 근로자의 권리를 사회의 핵심 가치로 두었고, 안전을 노동 조건의 필수 요소로 삼았습니다.

그래서 이들은 세계에서 가장 낮은 산업재해율을 기록하고 있습
니다.

북유럽의 사례는 안전이 '기업의 선택적 비용'이 아니라, 사회
전체가 공유하는 인간 존엄에 대한 합의라는 점을 잘 보여줍니다.

우리에게 주는 교훈

EU, 일본, 북유럽의 사례는 서로 다른 길을 걸어왔지만, 결국 하
나의 공통된 결론에 도달했습니다.

EU는 제도적으로 예방을 의무화했습니다.
일본은 작은 습관의 힘을 활용했습니다.
북유럽은 안전을 인간의 권리로 확립했습니다.

방식은 달랐지만, 도착지는 같았습니다.

"사고가 나기 전에 막는다."

우리 사회는 여전히 사고가 터진 뒤에야 대책을 강화하는 구조에 머물러 있습니다.

하지만 이제는 이 교훈을 받아들여야 합니다.

예방 중심의 패러다임으로의 전환이야말로 가장 확실하고, 가장 인간적인 길입니다.

다음을 향해

이 장에서는 해외의 예방 중심 모델을 살펴보았습니다.

다음 장에서는 우리나라 현실 속에서 **"위험성 평가"**가 어떻게 **입구를 막는 핵심 도구가 될 수 있는지**를 구체적으로 들여다보겠습니다.

제3편

안전보건공단의 예방 역할

제8장 | 위험성 평가의 힘
- 입구 차단의 핵심 도구

작은 메모지 한 장의 기적

몇 년 전, 한 작은 금속 가공업체에서 있었던 일입니다.

현장 점검을 위해 근로자들과 함께 작업장을 돌며 위험성 평가를 진행했습니다.

처음에는 다들 '또 형식적인 행사겠지'라는 듯 무심한 표정이었습니다.

하지만 한 근로자가 작은 메모지에 이렇게 적었습니다.

"프레스 기계 덮개가 헐거워 손가락을 다칠 수 있음."

평소 같았으면 '조금 불편하긴 하지만, 괜찮겠지' 하고 지나쳤을 사소한 위험이었습니다.

하지만 이번에는 달랐습니다.

평가표에 기록된 그 한 줄의 지적을 근거로 즉시 기계를 수리했고, 덮개를 단단히 고정했습니다.

며칠 뒤, 그 기계에서 갑작스럽게 금속판이 튕겨 나오는 사건이 있었습니다.

그러나 덮개가 제대로 고정되어 있었기 때문에 사고는 발생하지 않았습니다.

만약 그날 그 작은 메모가 없었다면, 누군가의 손가락은 치명적으로 다쳤을지도 모릅니다.

A4용지 한 장의 기록이 한 사람의 삶을 바꿔 놓은 순간이었습니다.

위험성 평가란 무엇인가?

위험성 평가는 말 그대로 "어떤 위험이 있는지 미리 찾아내고,

그 위험을 줄이는 과정"입니다.

세 가지 질문이 핵심을 이룹니다.

어떤 일이 잘못될 수 있는가? – 기계, 작업 환경, 인간 행동에서 생길 수 있는 위험은 무엇인가?

그 일이 일어날 가능성은 얼마나 되는가? – 일상적 위험인지, 드물게 발생하는 상황인지?

그 일이 일어났을 때 피해는 얼마나 큰가? – 단순한 경상에 그칠지, 생명을 위협할 정도일지?

이 세 가지 질문은 단순하지만, 현장에서 놓치고 지나가기 쉬운 부분을 **의식의 표면 위로 끌어올리는** 도구가 됩니다.

위험성 평가를 통해 우리는 보이지 않던 위험을 '가시화'하고, 예방을 위한 구체적인 행동으로 옮길 수 있습니다.

결국 위험성 평가는 **사고라는 강물이 본격적으로 범람하기 전**

에, 상류에서 물길을 차단하는 댐과 같은 역할을 합니다.

왜 중요한가?

대형 사고는 대개 작은 징후에서 시작됩니다.

느슨하게 고정된 나사 하나,
먼지에 가려 잘 보이지 않는 비상구 표지판,
안전모를 착용하지 않은 단 한 명의 근로자.

이 작은 부주의와 무심함이 쌓여 결국 돌이킬 수 없는 비극으로
이어집니다.

위험성 평가는 바로 이런 작은 위험을 '보이게 만드는 과정'입니다.
보이지 않는 위험은 무시되지만, 눈에 드러난 위험은 고칠 수 있
습니다.
"보이는 순간, 행동할 수 있다"라는 단순한 진리를 가능하게 해
주는 것이지요.

실제로 어떤 제조업체는 위험성 평가 과정에서 "지게차 운행 경로와 보행자의 동선이 겹친다"라는 점을 발견했습니다.

이 문제를 해결하기 위해 바닥에 색깔 라인을 새로 그었을 뿐인데, 그 후 충돌사고가 현저히 줄어들었습니다.

예방은 복잡한 기술이나 거대한 투자가 아니라, 때로는 작은 표시 하나, 간단한 절차 하나에서 시작될 수 있습니다.

현장의 변화

위험성 평가를 도입한 기업들의 공통적인 경험은 **사람의 태도가 달라졌다**는 점입니다.

처음에는 "이런 거 적어봤자 뭐가 달라지겠어?"라며 회의적인 반응이 많았습니다.
하지만 한 동료의 작은 지적이 실제로 큰 사고를 막는 것을 눈으로 확인하고 나서는 분위기가 바뀌었습니다.

근로자들은 점차 더 적극적으로 위험을 찾아내기 시작했고, 관리자는 그 의견을 수용해 즉시 개선했습니다.

현장은 점점 **위험을 방치하는** 곳에서 **위험을 찾아내고 함께 고치는** 곳으로 바뀌어 갔습니다.

한 직원은 이렇게 말했습니다.

"예전에는 위험을 말하면 괜히 잔소리하는 것 같아 주저했는데, 지금은 내가 지적하는 게 동료의 안전을 지켜준다고 생각합니다. 작은 목소리가 사람의 생명을 지킬 수 있다는 걸 알게 됐습니다."

이 변화는 숫자로만 평가할 수 없는 **안전 문화의 성숙**을 보여줍니다.

위험성 평가의 힘

위험성 평가는 거창한 장비나 최신 기술만으로 이루어지지 않습니다.

중요한 것은 "사람이 위험을 보려고 마음을 쓰는 것",

그리고 그 과정을 **체계적으로** 기록하고 개선하는 **문화**를 만드는 것입니다.

작은 기업이든 대기업이든, 이 원칙만 지켜도 사고는 획기적으로 줄어듭니다.

예방은 거대한 설비 투자만이 아니라, 작은 메모 한 장, 짧은 안전 회의, 꾸준한 습관에서 비롯됩니다.

입구를 지키는 가장 기본적이고도 강력한 도구가 바로 위험성 평가입니다.

다음을 향해

이 장에서는 위험성 평가가 왜 사고 예방의 핵심 도구인지를 살펴보았습니다.

다음 장에서는 **PSM**(공정안전관리)과 **유해위험방지계획서**가 어떻게 대형 사고를 미리 설계 단계에서 차단하는 역할을 하는지 알아보겠습니다.

제9장 | PSM과 유해위험방지계획서
- 대형사고 예방의 설계도

한순간에 무너지는 공장

몇 해 전, 한 화학공장에서 대규모 폭발 사고가 발생했습니다.

순식간에 불길이 치솟아 수십 미터 밖까지 유리창이 산산조각 났습니다.

인근 마을 주민들은 밤중에 슬리퍼 차림으로 급히 대피해야 했습니다.

회사는 순식간에 막대한 피해를 당했고, 지역 사회는 불안과 충격에 휩싸였습니다.

사고 조사 결과는 단순했습니다.

“예방할 수 있었던 사고였다.”

　사고의 원인은 오래전부터 경고 신호를 보내던 고압가스 배관의 작은 균열이었습니다.
　정기 점검이 형식적으로만 진행되었고, ‘별일 없겠지’라는 안일함이 결국 참사를 불러온 것입니다.

　대형 사고는 단 한 번으로도 기업의 존립을 위협합니다.
　나아가 지역 주민의 안전과 국가 전체의 신뢰까지 흔들어 놓습니다.

　이런 현실을 마주할 때마다 우리는 깨닫게 됩니다.

현장에 경고 표지판 몇 개를 세우는 것만으로는 부족하다.

　작은 사고를 넘어 대형 재해를 막기 위해서는, 기업 전체의 안전을 설계 단계에서부터 체계적으로 관리하는 청사진이 필요합니다.

PSM – 공정을 관리하는 안전 시스템

PSM(Process Safety Management, 공정안전관리)은 화학물질, 가스, 고압 설비 등 대형사고 위험이 잠재된 사업장에서 반드시 도입해야 하는 제도입니다.

쉽게 말해, PSM은 "공장을 안전하게 운영하기 위한 종합설계도"입니다.

여기에는 다음과 같은 요소가 포함됩니다.

어떤 위험물질을 다루는가?

해당 물질은 어떤 온도 · 압력 조건에서 위험해지는가?

사용되는 설비는 어떤 방식으로 관리해야 하는가?

사고가 발생할 수 있는 모든 상황을 어떻게 예측하고 차단할 것인가?

긴급 상황에서 어떤 절차와 대응 시스템이 작동해야 하는가?

PSM은 단순히 현장에 안전난간을 설치하는 수준을 넘어, 설계 · 운영 · 교육 · 비상 대응까지 전 과정을 하나의 체계로 엮어내는 매뉴얼입니다.

경제학적으로 표현하면, PSM은 '예방'이라는 무형자산을 체계적으로 구축해 두는 과정입니다.

단기적으로는 비용처럼 보이지만, 장기적으로는 **사고로 인한 손실 비용을 압도적으로 줄여주는 가장 확실한 투자입니다.**

유해위험방지계획서 – 위험을 미리 설계한다

새로운 설비를 들여오거나 공장을 신축할 때, 사람들은 대개 생산성 향상이나 효율성을 먼저 떠올립니다.

하지만 산업안전의 관점에서 가장 중요한 질문은 따로 있습니다.

"이 설비는 정말 안전한가?"
"이 공정은 어떤 위험을 내포하고 있지는 않은가?"

이 질문에 답하는 절차가 바로 **유해위험방지계획서**입니다.

말 그대로 공장을 짓기 전, 설계 단계에서부터 위험 요소를 찾아내고 보완하는 과정입니다.

건축에서 구조 안전 심사를 거치듯, 산업안전에서도 설비·공정을 도면 단계에서 검토해 위험을 뿌리째 제거합니다.

만약 설계 단계에서 안전을 고려하지 않고 '일단 지어놓고 나중에 고치자'라는 태도로 접근한다면, 그 공장은 완공 순간부터 위험을 안고 출발하게 됩니다.

마치 설계도가 부실한 다리가 언젠가 무너질 수밖에 없듯, **안전 없는 설계는 이미 사고의 씨앗을 심어놓는 것과 다르지 않습니다.**

예방이 만든 차이

한 석유화학 회사는 PSM을 철저하게 운영했습니다.

매년 수백 건의 위험 요소를 사전에 발견하고, 도면 단계에서부터 위험한 구조를 수정했습니다.

그 결과, 지난 10년 동안 이 단지에서는 대형 사고가 거의 보고 되지 않았습니다.

반면, 같은 업종의 또 다른 공장은 PSM을 단순히 '서류 제출용' 으로만 여겼습니다.

위험성 평가 기록은 책상 서랍 속에 잠들어 있었고, 실제 현장에 서는 제대로 반영되지 않았습니다.

결국 작은 가스 누출이 방치되다가 대형 폭발로 이어졌습니다.

회사는 수천억 원의 손실과 함께, 사회적 신뢰마저 잃게 되었습 니다.

두 현장의 차이는 기술력의 우열이 아니었습니다.

사고를 '예상한다'라는 태도와 '설마'라는 안일함의 차이가 운명 을 갈랐던 것입니다.

입구론의 핵심 도구

위험성 평가가 현장에서 작은 위험을 찾아내는 **돋보기**라면,

PSM과 유해위험방지계획서는 공장 전체를 안전하게 짜는 **청사진**입니다.

돋보기는 미세한 균열을 보여주고,
청사진은 구조적 문제를 원천적으로 예방합니다.

이 두 가지가 함께 작동할 때 비로소 **입구에서 위험을 단단히 봉쇄**할 수 있습니다. 단순히 기계 하나를 고치는 수준이 아니라, 시스템 전체가 안전을 전제로 돌아가는 구조를 만드는 것입니다.

다음을 향해

이 장에서는 PSM과 유해위험방지계획서가 어떻게 **대형사고 예방의 설계도**로 기능하는지를 살펴보았습니다.

이제 다음 장에서는 **중소기업 지원사업**을 통해, 산업재해의 사각지대에 놓여 있는 작은 사업장들을 어떻게 예방의 길로 이끌 수 있는지 이야기하겠습니다.

제10장 | 중소기업 지원사업
- 사각지대를 메우는 예방 전략

작은 공장의 현실

부산 외곽에 자리한 한 금속 가공업체.

직원은 20명 남짓, 사장은 매일 새벽 가장 먼저 출근해 기계를 돌리며 하루를 시작합니다.

작업장은 늘 분주하지만, 안전관리 담당자는 따로 두지 못했습니다.

사장은 이렇게 털어놓았습니다.

"안전요원 두라고는 하는데, 우리 같은 작은 회사는 인건비 감당이 어렵습니다.

생산하기도 벅찬데 언제 서류를 만들고 교육까지 합니까?"

이 말은 현실을 그대로 보여줍니다.

사고가 무섭다는 걸 몰라서가 아니라, 여력이 없어서 위험을 외면하는 것이 중소기업의 일상입니다.

그러나 '작아서 괜찮다'라는 생각은 가장 위험한 착각입니다.

작은 사업장일수록 한 번의 사고가 곧 회사 존립 자체를 뒤흔들 수 있기 때문입니다.

사각지대에 놓인 작은 사업장

대기업은 전문 안전관리자를 두고, 최신 안전 장비와 자동화 설비를 적극적으로 도입합니다.

외부 감사와 주주, 사회적 시선이 존재하기 때문에 안전에 투자하지 않을 수 없습니다.

하지만 중소기업은 상황이 다릅니다.

매출 압박 때문에 안전 투자가 뒷전으로 밀리고,

인력 부족으로 안전 전담 인력이 없는 경우가 많으며,

안전 인식 부족으로 "지금까지 괜찮았으니, 앞으로도 괜찮다"라

는 안일한 생각에 사로잡히기도 합니다.

실제로 산업재해 통계를 보면, **사망사고의 절반 이상이 50인 미만 사업장에서 발생합니다.** 규모가 작을수록 사고율은 높아지고, 안전망은 허술해집니다.

작은 현장일수록 위험의 '입구'가 열려 있는 셈입니다.

지원사업의 손길

이 사각지대를 메우기 위해 정부와 안전보건공단은 다양한 **중소기업 지원사업**을 운영하고 있습니다.

위험성 평가 컨설팅: 전문가가 직접 사업장을 찾아가 근로자와 함께 현장을 점검하고, 눈에 보이지 않는 위험 요인을 찾아내어 개선책을 제안합니다.

안전설비 지원: 추락 방지대, 국소 배기장치, 환기시설, 보호구 등 중소기업이 스스로 마련하기 어려운 안전 장비를 보조금으로 지원합니다.

맞춤형 안전 교육: 현장 근로자와 관리자가 실제 작업 상황에서 어떻게 행동해야 하는지, 사례 중심으로 교육하여 안전을 '습관'으로 만듭니다.

스마트 기술 보급: IoT 센서, 가스 감지기, 자동 차단 장치 등 최신 기술을 접목해 사고를 미리 알리고 차단할 수 있도록 돕습니다.

이러한 지원 덕분에, "우리 회사는 작아서 어쩔 수 없다"라던 중소기업도 **예방의 길로 첫발을 내디딜 수 있게** 됩니다.

변화의 현장

실제로 한 도금업체는 환기시설을 마련할 여력이 없어 작업장이 늘 유해 가스로 가득 차 있었습니다.

직원들은 두통과 기침을 달고 살았고, 신규 직원들은 금방 회사를 떠나곤 했습니다.

그러나 지원사업을 통해 국소 배기장치를 설치하고, 환기 시스템을 보강한 뒤부터는 작업 환경이 크게 개선되었습니다.

직원들의 건강 피해가 줄었을 뿐 아니라, 생산 품질도 눈에 띄게 좋아졌습니다.

또 다른 작은 목재 가공업체는 위험성 평가 컨설팅을 받았습니다. 현장에서 근로자들과 함께 위험 요인을 점검하는 과정에서, 작업대 높이가 불균형해 허리에 무리를 준다는 사실을 발견했습니다.

단순히 작업대 높이를 조정하고 작업 동선을 정리한 것만으로도, 작업자들의 피로도가 줄고 사고율은 절반 이하로 감소했습니다.

작은 회사, 작은 변화, 그러나 큰 효과. 이것이 중소기업 지원사업이 가지는 의미입니다.

예방의 사각지대를 메우는 힘

안전은 대기업만의 특권이 되어서는 안 됩니다.

이름 없는 동네 공장, 열 명 남짓 일하는 영세 사업장, 하청과 재하청의 고리에 묶여 있는 협력업체까지 **모두 안전해야 진짜 안전한 사회가 됩니다.**

중소기업 지원사업은 바로 이 **예방의 사각지대를 메우는 전략입니다.**

국가와 사회가 함께 손을 내밀어, 기업들이 "우린 여력이 없다"라는 변명을 할 수 없도록 만드는 것.

그것이야말로 **산업안전의 공동 책임을 현실에서 구현하는 길입니다.**

다음을 향해

이 장에서는 중소기업 지원사업이 왜 중요한지, 그리고 그것이 어떻게 예방의 사각지대를 메우는 전략이 되는지를 살펴보았습니다.

다음 장에서는 **안전보건교육과 캠페인을 통해 사람의 행동을 바꾸고, 안전 문화를 뿌리내리는 힘**에 관해 이야기해 보겠습니다.

제11장 | 안전보건교육과 캠페인
– 사람의 행동을 바꾸는 힘

버튼 하나, 그러나 생명을 가른 선택

어느 제조업 현장에서 있었던 일입니다.

작업자가 기계를 돌리던 중, 금속판이 안으로 걸려서 들어갔습니다.

규정대로라면 전원을 완전히 차단하고, 보호 장비를 갖춘 뒤에 처리해야 했습니다.

하지만 그는 잠시 망설이다가 속으로 이렇게 중얼거렸습니다.

"금방 끝나겠지. 잠깐만 손을 넣으면 될 거야."

그 순간, 기계가 갑자기 다시 움직였습니다.

눈 깜짝할 사이, 금속판이 튕겨 나왔고, 그의 손을 덮쳤습니다.

현장에는 안전난간도 있었고, 작업 절차를 설명한 매뉴얼도 있었습니다.

그러나 **사람의 행동이 잘못되면**, 그 어떤 장치와 규제도 무력해집니다.

결국 안전은 규정의 두께가 아니라, 그것을 실제로 **지키는 사람들의 행동에서 완성되는** 것입니다.

왜 행동이 중요한가?

안전은 도구와 제도로만 완성되지 않습니다.

아무리 튼튼한 **안전모**라도 쓰지 않으면 종이컵만도 못합니다.
최고급 **보호 장비**도 사용하지 않으면 장식품에 불과합니다.
최신식 **자동화 기계**도 절차를 무시하면 오히려 흉기가 됩니다.

안전은 결국 사람이 "위험을 인식하고, 올바른 행동을 선택하는가?"에 달려 있습니다.

사람의 행동이 바뀌지 않으면, 예방은 껍데기에 불과합니다.
반대로 작은 행동 하나가 조직 전체의 문화를 바꾸고, 수많은 생명을 구할 수도 있습니다.
이것은 개인의 습관 관리와도 닮았습니다.

아무리 좋은 다이어리를 사두어도 매일 쓰지 않으면 소용이 없듯, 안전 규정을 아무리 잘 만들어도 **행동으로 옮기지 않으면** '사고 예방'은 단지 종이 위의 글자일 뿐입니다.

교육 – 지식을 넘어 습관으로

안전 교육은 단순히 법규를 나열하거나 PPT를 읽어주는 시간이 아닙니다.

진짜 목표는 지식이 '행동'으로 이어지도록 습관을 만드는 것입니다.

일본의 위험예지 훈련(KY 운동)은 좋은 예입니다. 작업을 시작하기 전, 동료들과 둘러서서, 손짓하며 말합니다.

"전원 차단 확인!"
"보호구 착용 완료!"
"작업 구역 정리 끝!"

이 짧은 구호와 동작은 몇 초밖에 걸리지 않지만, 반복될수록 몸에 새겨집니다.

실제로 위험한 상황이 닥쳤을 때, 근로자는 생각하기 전에 이미 몸이 안전하게 반응합니다.

이것은 마치 **운전자가 안전띠를 무의식적으로** 매는 **습관**과도 같습니다.

한 번 몸에 배면 평생을 지켜주는 안전장치가 되는 것이지요.

캠페인 – 의식을 깨우는 힘

한때 전국의 건설 현장 입구마다 이런 현수막이 걸려 있었습니다.

"오늘도 무사히."

불과 여섯 글자, 단순한 문구였지만 현장에 들어서는 모든 사람의 가슴을 울렸습니다.

"그래, 나도 오늘 무사히 퇴근해야지."

짧은 순간의 다짐이 하루를 바꾸고, 행동을 바꾸었습니다.
안전 캠페인은 단순한 홍보물이 아닙니다.

안전 포스터는 시각적 자극을 통해 위험을 기억하게 하고,
체험형 안전교육관은 실제 사고 상황을 몸으로 느끼게 하며,

대국민 홍보 영상은 사회 전체의 관심을 끌어올리고,
SNS 챌린지는 젊은 세대가 자발적으로 안전 행동을 공유하도록 만듭니다.

캠페인의 목적은 오직 하나입니다. **사람들 마음속에 '안전의 신호'를 켜는 것.**

변화된 현장 – 3·3 캠페인의 기적

한 중견기업은 '안전 3 · 3 캠페인'을 도입했습니다.

작업 시작 전 **3분** 동안 동료들과 함께 위험 요인을 확인하고,
작업 종료 후 **3분** 동안 주변을 점검하며 마무리하는 활동이었습니다.

처음에는 직원들이 "일하기도 바쁜데 이런 절차가 무슨 소용이냐?"라며 불평했습니다.
그러나 몇 달이 지나자 놀라운 변화가 나타났습니다.
직원들이 서로의 안전 장비 착용 여부를 자연스럽게 확인하고, 위험한 행동을 보면 바로잡아 주기 시작한 것입니다.

사고율은 눈에 띄게 줄었고, 더 중요한 변화가 일어났습니다.

"우리 회사는 안전을 중요하게 생각한다"라는 **자부심과 신뢰**가 직원들 사이에서 싹튼 것입니다.
안전은 더 이상 외부의 강요가 아니라, **내부의 문화**가 되었습니다.

행동을 바꾸는 힘

안전보건교육과 캠페인은 단순히 지식을 주입하거나 구호를 외치는 행사가 아닙니다.

그것은 **사람의 마음을 움직이고, 행동을 변화시키는** 힘입니다.

행동이 바뀌면 습관이 바뀌고, 습관이 바뀌면 문화가 바뀝니다.

안전은 결국 **문화의** 문제입니다.

한 사람의 무심함이 전체를 위험에 빠뜨리듯, 한 사람의 올바른 습관이 전체를 지켜줍니다.

안전 교육과 캠페인은 사람들의 의식을 일깨우고, 그 의식이 곧 행동으로 이어지게 합니다.

그리고 그 행동이 바로 **입구를 단단히 지키는** 실천이 됩니다.

이 장에서는 안전보건교육과 캠페인이 왜 중요한지, 그리고 그 것이 어떻게 사람의 행동을 바꾸고 안전 문화를 만드는지를 살펴 보았습니다.

이제 다음 장에서는 연구·기술 개발이 어떻게 예방을 한층 더 '스마트'하게 진화시키는지, 그리고 AI·IoT·빅데이터가 열어갈 미래의 안전보건 패러다임에 대해 알아보겠습니다.

제12장 | 연구·기술 개발
- 스마트 안전의 미래

안전모에 달린 작은 센서

몇 해 전, 한 건설 현장에서 일하던 30대 초반의 근로자가 갑자기 현장에서 쓰러졌습니다.

그 순간, 그가 머리에 쓰고 있던 **스마트 안전모**가 역할을 했습니다.

안전모에 부착된 센서는 심박수와 움직임을 실시간으로 감지하고 있었고, 이상 신호를 포착하자 곧바로 관리자에게 알림을 전송했습니다.

현장 동료들이 신속히 달려와 응급조처를 했고, 구급차가 도착하기 전까지 심폐소생술을 이어갔습니다.

다행히 그는 소중한 생명을 건질 수 있었습니다.

불과 몇 년 전만 해도 상상하기 어려웠던 일입니다.

예전 같았으면 동료가 이상을 눈치채기까지 시간이 걸렸을 것이고, 그사이, 골든타임은 지나갔을지 모릅니다.

그러나 이제 기술은 사고를 발견하는 속도를 앞당기고, 심지어 사고가 일어나기 직전 신호를 포착해 생명을 구하는 최전선에 서 있습니다.

기술이 바꾸는 예방의 방식

그동안 안전관리는 주로 **사람의 눈과 경험**에 의존해 왔습니다.

현장 관리자가 매일 점검표를 들고 다니며 기계를 살피고, 작업자들이 몸으로 위험을 감지하는 방식이었습니다.

그러나 사람이 아무리 주의를 기울여도 피로와 습관의 한계가 있습니다.

이 한계를 메워주는 것이 바로 **연구와 기술 개발**입니다.

오늘날 우리는 과학기술의 힘을 빌려 새로운 예방의 무기를 갖게 되었습니다.

IoT 센서: 가스 누출, 화재 발생, 장비의 과열과 진동 이상을 실시간으로 감지합니다.

AI 분석: AI기반 위험성 평가, CCTV 영상을 통해 안전모 미착용, 추락 위험 동작, 불량한 자세 등을 자동으로 인식하고 경고합니다.

드론: 사람이 접근하기 어려운 고소 작업장이나 대형 플랜트를 순찰해 위험 요소를 빠르게 찾아냅니다.

웨어러블 장비: 심박수 · 체온 · 피로도를 모니터링해 "잠깐 쉬라"라는 신호를 보냅니다.

이제 우리는 사고가 난 뒤에 원인을 찾는 시대를 넘어, 사고가 일어나기 직전 또는 아예 발생하기 전에 위험을 감지하고 차단하는 시대로 나아가고 있습니다.

연구가 만들어 내는 새로운 길

연구가 만들어 내는 새로운 길

과거의 안전 연구는 대체로 "왜 사고가 났는가?"에 집중했습니다.

사고 후 보고서를 작성하고, 제도를 손질하는 방식이었습니다.

그러나 오늘날의 연구는 그보다 한 걸음 더 나아가 '사고 예측'이라는 새로운 가능성을 열고 있습니다.

예를 들어, 빅데이터 분석은 과거 수천 건의 사고 기록을 학습합니다.

"어떤 시간대에 추락 사고가 많이 발생하는지",
"어떤 작업 환경에서 화재 확률이 높아지는지"를 구체적으로 계산해 냅니다.

이를 통해 관리자는 위험이 집중되는 구간을 파악하고, 작업 인력을 조정하거나 자동화 설비를 배치할 수 있습니다.

이것은 마치 기상청의 일기예보와 같습니다.

비가 올 가능성을 미리 알려주면 사람들은 우산을 챙깁니다.

안전 기술은 일터의 기상예보 역할을 하며, 기업과 근로자들이 미리 대비할 수 있도록 돕습니다.

스마트 안전의 장점

스마트 안전 기술이 주는 이점은 단순히 '빠른 탐지'에 그치지 않습니다.

신속성 – 사고의 전조를 실시간으로 알려주어 즉각 대응할 수 있습니다.

객관성 – 관리자의 경험이나 감에만 의존하지 않고, 데이터로 위험을 확인합니다.

확장성 – 소규모 공장부터 거대한 정유공장, 물류센터, 건설 현장까지 적용이 가능합니다.

예측성 – 단순 감시가 아니라, "앞으로 일어날 수 있는 사고를 미리 경고"합니다.

예방은 이제 더 이상 개인의 주의에만 맡겨지는 것이 아니라, 기술이 함께하는 협력 체계로 진화하고 있습니다.

그러나 기술만으로는 충분하지 않다

그렇다고 해서 기술이 모든 것을 대신해 줄 수는 없습니다.

아무리 첨단 안전모와 센서가 도입되어도, 근로자가 이를 착용하지 않으면 의미가 없습니다.
CCTV가 위험 행동을 잡아내더라도, 관리자가 무시한다면 그 경고는 공허한 알림음에 불과합니다.

즉, 기술은 도구일 뿐, 최종적으로 안전을 지키는 주체는 사람입니다.

기술은 우리의 감각을 확장하고, 판단을 보조하며, 대응 속도를 높여줄 수 있습니다.
하지만 **사람의 의식과 태도**가 바뀌지 않는다면, 그 어떤 기술도 완전한 안전을 보장할 수는 없습니다.

자기 계발의 언어로 표현하자면, 기술은 훌륭한 **코치**와 같습니다.

코치는 방향을 제시하고 위험을 알려주지만, 실제로 뛰는 것은 선수 본인입니다.

안전도 마찬가지입니다.

현장의 주체가 스스로 안전을 선택할 때, 기술은 그 선택을 더욱 강력하게 만들어주는 **파트너**가 됩니다.

미래를 여는 스마트 안전

다가올 미래의 산업현장은 지금과는 전혀 다른 모습일 것입니다.

스마트 안전모, **AI** 기반 위험 분석, **IoT** 센서 네트워크, 로봇 점검 시스템⋯. 이 모든 것이 **입구에서 위험을 막아내는 디지털 방패**가 될 것입니다.

예를 들어, 스웨덴의 한 조선소에서는 드론과 열화상 카메라를 이용해 용접 작업 중 발생하는 불꽃이나 가스 누출을 실시간으로 감시합니다.

과거에는 사람이 직접 올라가서 확인해야 했던 위험한 고소 작업이, 이제는 기술 덕분에 안전하게 이루어지고 있습니다.

또한 인공지능은 작업자의 행동 패턴을 분석해 "이번 주는 야간 교대 근무 후 사고 위험이 크다"라는 경고를 관리자에게 보냅니다.

이는 사고 예방을 넘어, 조직 운영의 효율성과 인력 배치 전략까지 바꾸는 힘을 지니고 있습니다.

다음을 향해

이 장에서는 연구와 기술 개발이 어떻게 예방의 방식을 바꾸고, 안전을 스마트하게 진화시키는 힘이 되고 있는지 살펴보았습니다.

다음 장에서는 이러한 기술적 기반 위에 중요한 또 다른 축인 '감독행정의 경량화'를 다루며, 예방이 어떻게 행정의 부담을 줄이고 사회 전체의 효율을 높이는지를 탐구하겠습니다.

제4편

입구론이 가져오는 변화

제13장 | 감독행정의 경량화
– 예방이 감독을 줄인다

늘어나는 감독, 줄지 않는 사고

한 여름날, 한 사업장에 노동부 감독관이 들이닥쳤습니다.

현장은 긴장감으로 가득 찼습니다. 안전모 착용 여부, 추락 방지
대 설치 상태, 안전 교육 이수 기록…

감독관은 두꺼운 체크리스트를 들고 하루 종일 현장을 점검했습
니다.

그날만큼은 누구도 규정을 어기지 않았습니다.

모두가 안전모를 단단히 쓰고, 안전띠를 확인하며, 평소보다 더
조심스럽게 행동했습니다. 하지만 며칠이 지나자, 현장은 금세 예
전 모습으로 돌아갔습니다.

근로자들 사이에서는 은밀히 이런 말이 돌았습니다.

"감독 나왔을 때만 조심하면 돼."

이것이 바로 우리의 현실입니다.

감독이 순간적으로는 현장을 바꿔 놓을 수 있지만, **사람들의 습관과 조직의 안전 문화까지 바꾸기는 어렵습니다.**

그래서 감독 횟수는 늘어나는데도, 산업재해의 수치는 쉽게 줄어들지 않는 모순이 발생합니다.

감독행정의 현실

현재 우리나라에는 630만 개 이상의 사업장이 있습니다.

하지만 감독관 수는 700명 수준으로 턱없이 부족한 실정입니다.

앞으로 지속적으로 늘릴 계획이나 그래도 한정적입니다.

모든 현장을 매일 점검한다는 것은 사실상 불가능합니다.

그래서 감독은 **사고가 잦은 업종이나 위험도가 높은 사업장,**

또는 사고가 이미 발생한 곳에 집중되는 경우가 많습니다.

즉, 감독은 본질적으로 **사후적 통제**에 머무르는 경우가 대부분입니다.

감독관들 역시 고민을 토로합니다.

"우리가 매번 모든 현장을 지켜볼 수는 없습니다.

결국 현장 스스로 예방하지 않으면, 우리는 끝없이 뒤쫓을 수밖에 없습니다."

이는 마치 교실에서 선생님이 있을 때만 얌전히 앉아 있고, 선생님이 나가면 다시 떠드는 학생들과도 같습니다.

감독이 사라지면 원래 모습으로 돌아가는 구조라면, 안전은 결코 정착될 수 없습니다.

예방이 감독을 줄인다

그렇다면 어떻게 해야 할까요?

해답은 이미 앞 장에서 다루었던 **예방**,

즉 '입구에서의 차단'에 있습니다.

위험성 평가가 일상적으로 자리 잡으면, 감독이 와도 지적할 부분이 없습니다.

PSM과 유해위험방지계획서가 철저히 운영되면, 감독관은 단속자가 아니라 확인자에 머무릅니다.

중소기업 지원사업, 안전보건교육, 캠페인을 통해 근로자들이 스스로 안전을 지키는 문화가 정착하면,

굳이 감독이 세세하게 간섭할 이유가 줄어듭니다.

결국 예방이 튼튼해질수록 감독은 무거운 짐을 내려놓고,

'**사후 처벌자**'에서 '**사전 조력자**'로 역할을 전환할 수 있습니다.

감독을 줄이는 것이 아니라, **불필요한 감독을 줄이는 것**입니다.

변화된 현장 - 모범 사례로 바뀌다

한 대기업은 매년 수십억 원을 들여 자체 안전 시스템을 강화했

습니다.

위험성 평가를 정례화하고, 모든 직원이 참여하는 안전 회의를 매일 아침 진행했습니다.

또한 IoT 기반 센서를 설치해 현장 곳곳을 모니터링했습니다.

몇 달 뒤, 이 공장에 노동부 감독관이 방문했습니다.

그러나 특별히 지적할 사항이 거의 없었습니다.

오히려 감독관은 이렇게 말했습니다.

"이제 이곳은 단속 대상이 아니라, 다른 회사들이 벤치마킹해야 할 모범 사례군요."

예방이 제대로 작동하면, 감독은 기업을 옭아매는 족쇄가 아니라, 안전을 확산시키는 촉진자로 바뀔 수 있습니다.

감독의 역할, 새로운 전환

예방 중심의 패러다임은 감독의 본질적 의미를 되살립니다.

과거의 감독이 "위반을 찾아내 처벌하는 일"이었다면,

앞으로의 감독은 "기업이 더 나은 예방 체계를 구축하도록 돕는 일"이 될 수 있습니다.

예를 들어, 한 유럽 국가에서는 감독관을 '안전 코치'로 불렀습니다.

그들은 기업의 문제점을 지적하는 동시에, 해결책을 함께 모색했습니다.

이 과정에서 기업은 불필요한 불신 대신 **신뢰와 협력의 분위기**를 경험하게 되었습니다.

산업안전의 본질은 '벌주기'가 아니라 '살리기'입니다.

따라서 감독행정도 **처벌 위주의 무거운 규제**에서, 예방을 촉진하는 **경량화된 지원형 제도**로 나아가야 합니다.

입구론의 메시지

입구론은 이 사실을 단순하고 명확하게 설명합니다.

"입구에서 막으면, 뒤에서 쫓아다닐 필요가 없다."

사고가 발생하기 전에 예방이 자리 잡으면, 감독은 무겁지 않습니다.

보상도 줄어듭니다.

결국 감독의 경량화는 단순한 행정 효율화가 아니라, **예방 중심 사회로의 전환**이 이루어지고 있다는 증거입니다.

다음을 향해

이 장에서는 예방이 제대로 작동할 때 **감독행정이 어떻게 가벼워지고, 더 효과적으로 변모하는지**를 살펴보았습니다.

다음 장에서는 "산재보상 감소 – 예방이 재정 건전성을 지킨다"라는 주제를 통해, 예방이 어떻게 국가 재정과 사회 안전망에도 긍정적 효과를 주는지 알아보겠습니다.

제14장 | **산재보상 감소**
– 예방이 재정 건전성을 지킨다

보상금으로는 채울 수 없는 것

한 근로자가 현장에서 추락해 크게 다쳤습니다.

구급차가 도착했고, 곧바로 병원으로 이송되었습니다.

고용노동부는 사고를 조사했고, 근로복지공단은 신속히 산재를 인정하여 치료비와 휴업급여를 지급했습니다.

회사는 자체적으로 위로금과 보상금을 더했습니다.

겉으로 보면 절차는 매끄럽게 진행된 듯 보였습니다.

법과 제도는 정해진 절차에 따라 작동했습니다.

하지만 그 가족에게 돌아온 현실은 전혀 달랐습니다.

남편은 다시 현장에 설 수 없었고, 아내는 홀로 생계를 책임져야 했습니다.

아이들은 아버지와 함께 뛰놀던 시간을 잃었습니다.

보상금은 분명 필요합니다.

그러나 그것은 어디까지나 **피해를 '부분적으로 보전'**해 주는 장치일 뿐입니다.

돈은 생활비가 될 수 있지만, 잃어버린 건강과 무너진 가족의 일상, 삶의 의미를 되돌려주지는 못합니다.

보상금은 공백을 메우는 흉내를 낼 뿐, 진짜 빈자리를 채워주지 못합니다.

산재보상, 늘어나는 사회적 비용

우리나라에서 매년 지급되는 산재 보상금은 **수조 원대**에 이릅니다.

치료비, 휴업급여, 장해급여, 유족급여까지 포함하면 매년 7조 원 이상이 산재보상으로 나갑니다.

문제는 이 비용을 누가 부담하느냐입니다.

기업은 산업재해보상보험료를 내고,

국가는 세금으로 일부를 지원하며,

결국 국민이 모두 사회적 비용을 나눠 지게 됩니다.

사고가 많아질수록 보상금은 눈덩이처럼 불어납니다.

그리고 그 비용은 단순히 재정 지출에 그치지 않습니다.

기업의 생산 차질로 인한 경제 손실,

피해 근로자의 소득 감소와 가족의 생활 불안,

사회 전반의 불신과 심리적 위축.

이 모든 것이 **숫자로 다 환산할 수 없는** 막대한 손실로 우리에게

돌아옵니다.

예방이 줄이는 보상

예방이 제대로 작동하면 상황은 완전히 달라집니다.

예를 들어, 한 건설회사는 **추락 방지대**를 모든 작업 구간에 의무적으로 설치했습니다.

또한 작업 전 **안전 확인 미팅**을 의무화해, 모든 근로자가 최소 3분 동안 위험 요인을 점검하게 했습니다.

그 결과, 수년 동안 단 한 건의 추락 사고도 발생하지 않았습니다.

이 회사의 산재보상 지출은 '0원'이 되었고, 산재보험료도 크게 줄었습니다.

단순히 비용을 절약한 것이 아니라, **안전 투자 자체가 회사의 재무 건전성을 높여주는 효과**로 이어진 것입니다.

또 다른 화학업체는 **스마트 가스 센서**와 **위험성 평가 시스템**을 도입했습니다.

작은 누출 신호가 감지되면 즉시 경보가 울리고, 자동 차단 장치가 가동되도록 설계했습니다.

그 덕분에 예전 같으면 대형 폭발로 이어졌을 사고를 미연에 방지할 수 있었습니다.

사고가 없으니, 보상금 지출은 물론 보험료 부담도 줄었고, 외부 투자자들로부터 '안전한 회사'라는 신뢰를 얻을 수 있었습니다.

**예방이 곧 최고의 절약이며, 가장 확실한 보상 절감책임을 보여
주는 생생한 사례입니다.**

국가 재정에도 이익이다

산업재해는 기업만의 문제가 아닙니다.

재해로 인한 보상금 지출은 산업재해보상보험기금에서 충당되
지만, 그 기금은 결국 기업의 보험료와 국민의 세금에서 나옵니다.

만약 사고가 줄어들어 보상금 지출이 감소한다면, 그 여유 재원
은 어디로 흘러갈까요?
근로자 복지 향상,
청년 일자리 창출,
노후 안전망 강화,
신산업 연구개발 투자.

즉, 예방은 기업의 비용 절감을 넘어 **국가 재정의 건전성**을 지켜주고, 사회적 자원을 더 가치 있는 곳에 쓸 수 있도록 길을 열어줍니다.

경제학적으로 표현하면,
예방은 기회비용을 최소화하는 투자입니다.
사고가 발생해 수십조 원의 사회적 비용이 사라지지 않는다면, 그만큼 미래 세대를 위해 쓰일 수 있는 자원이 늘어납니다.

입구론의 관점에서

입구론은 단순히 생명을 지키는 차원을 넘어, **경제적 · 사회적 지속가능성**을 보장하는 철학입니다.

사고를 줄이면 보상금이 줄고,
보상금이 줄면 재정이 건강해지며,
재정이 튼튼하면 다시 예방에 투자할 수 있습니다.

이것은 예방 → 보상 감소 → 재정 건전성 강화 → 재투자 → 더 큰 예방으로 이어지는 선순환 구조입니다.

반대로 사고가 잦으면, **사후 보상 → 재정 악화 → 안전 투자 축소 → 또 다른 사고**라는 악순환에 빠집니다.

결국 안전의 입구를 막는 것이 곧 국가의 경제적 미래를 지키는 일입니다. 안전은 생명을 위한 약속이자, 재정 건전성을 위한 가장 현명한 전략입니다.

다음을 향해

이 장에서는 예방이 산재보상 비용을 줄이고, 국가와 기업의 재정 건전성을 지켜주는 힘을 살펴보았습니다.

다음 장에서는, 예방이 가져오는 또 다른 긍정적 효과인 "기업 경쟁력 강화 – 예방이 곧 생산성이다"라는 주제를 깊이 다루겠습니다.

제15장 | 기업 경쟁력 강화
- 예방이 곧 생산성이다

사고가 멈춘 공장, 달라진 분위기

한 자동차 부품회사는 몇 년 동안 잦은 사고로 골머리를 앓고 있었습니다.

기계 오작동으로 손가락을 다치거나, 작업 중 넘어지는 사고가 반복적으로 일어났습니다.

그때마다 생산 라인은 멈췄고, 납품 일정은 지연되었으며, 거래처는 불만을 표시했습니다.

"이 회사와 계약을 계속해도 괜찮을까?"라는 말이 들리기 시작했습니다.

직원들 사이에서도 "여기서 오래 일할 수 있을까?"라는 불안이 퍼져갔습니다.

그러던 중, 사장은 큰 결단을 내렸습니다.
단기적 이익을 포기하더라도 **안전에 투자하기로 한** 것입니다.

모든 공정을 대상으로 한 **정기적 위험성 평가**를 도입하고,
노후화된 안전장치를 최신형으로 교체했으며,
전 직원이 참여하는 **반복적 안전 교육**을 강화했습니다.

1년 후, 공장은 눈에 띄게 달라져 있었습니다.
사고가 줄어들자, 생산 중단이 사라졌고, 제품의 **불량률은 절반 이하로 감소**했습니다.

근로자들은 안심하고 업무에 몰입할 수 있었고, 그 결과 생산성이 높아졌습니다.
거래처는 다시 신뢰를 보내며 장기 계약을 체결했고, 신규 고객도 늘어났습니다.

결국 이 회사는 **안전이라는 보이지 않는 기반** 위에서 경쟁력을

회복하게 되었습니다.

안전이 생산성을 높이는 이유

많은 사람은 여전히 "안전과 생산성은 서로 대립한다"라고 생각합니다.

안전장치를 설치하면 작업이 느려지고, 교육을 하면 생산시간이 줄어든다고 말합니다.
그러나 실제 현장은 정반대의 결과를 보여줍니다.

사고가 줄면, 생산 중단이 사라집니다.
사고 한 번이 며칠 혹은 몇 달의 손실을 만들 수 있지만, 예방은 그 손실을 원천적으로 차단합니다.

안전한 환경은 집중력을 높입니다.
근로자가 늘 불안에 시달리면 생산성은 떨어집니다. 반대로 안전이 확보되면, '내가 지켜지고 있다'라는 심리적 안정이 효율성을 높입니다.

품질 관리와 직결됩니다.

안전한 작업 환경은 불량품 발생을 줄이고, 납기 지연을 최소화합니다.

이는 고객 만족으로 이어지고, 장기적으로는 시장 점유율을 높이는 결과를 낳습니다.

결국 안전은 생산성을 갉아먹는 비용이 아니라, **기업의 보이지 않는 근육과도 같은 기초 체력입니다.**

기업 이미지와 신뢰

안전은 단순히 내부 문제에만 머무르지 않습니다. **기업의 대외 이미지와 직결됩니다.**

세계적인 글로벌 기업들은 협력업체를 선정할 때 반드시 안전 수준을 평가합니다.

"안전이 미흡한 회사와는 거래하지 않는다"라는 것이 이제는 국제적 기준이 되었습니다.

한 전자부품 수출업체는 해외 대기업과의 계약 과정에서 ESG 평가를 받았습니다.

제품 품질은 뛰어났지만, 안전관리 시스템이 미흡하다는 이유로 계약이 보류되었습니다.

이후 회사는 안전보건경영시스템(ISO 45001)을 도입하고, 예방 중심의 문화를 정착시킨 끝에 다시 기회를 얻었습니다.

안전은 단순한 '내부 규정 준수'가 아니라, 글로벌 시장으로 나아가기 위한 통행증이 된 것입니다.

예방이 만든 경쟁력

안전은 '법을 지켰다'라는 수준에서 끝나는 것이 아닙니다.

예방이 제대로 작동하는 순간, 기업은 눈에 보이는 성과와 눈에 보이지 않는 신뢰를 동시에 얻게 됩니다.

사고 없는 현장 → 안정적인 생산 → 납기 준수

안전한 환경 → 근로자 만족도 상승 → 인재 유치 및 유지 용이

예방 중심 문화 → 고객·투자자의 신뢰 확보 → 글로벌 경쟁력 강화

한 중소기업 사장은 이렇게 말했습니다.

"예전에는 안전설비에 돈을 쓰는 게 손해라고 생각했는데,
지금은 오히려 최고의 마케팅이라고 생각합니다.
직원들이 웃으면서 일하는 모습을 보여주니, 고객들이 안심하고 거래를 이어가더군요."

예방에 투자한 기업은 처음엔 비용이 들어가지만,
시간이 지날수록 **비용은 줄고 경쟁력은 늘어나는 역설적 효과**를 경험합니다.

반대로 안전을 소홀히 하는 기업은 단기적으로는 비용을 아끼지만,
결국 사고와 불신으로 **시장 경쟁에서 뒤처지고 생존을 위협받게** 됩니다.

안전에 대한 투자를 개인의 성장과 연결해 보면, 이해가 더 쉽습니다.

시험공부를 예로 들어봅시다.

당장 놀고 싶은 마음을 억제하고 공부하는 것은 '시간과 에너지의 지출'처럼 느껴집니다.

하지만 그 투자는 결국 더 나은 성적, 더 넓은 기회, 더 큰 미래라는 **성과**로 돌아옵니다.

기업의 안전 투자도 마찬가지입니다.

지금 당장은 비용으로 보이지만, 사실은 **장기적 경쟁력을 확보하는 자기 계발적 투자**입니다.

근로자에게는 삶의 안정감을, 기업에는 지속적인 성장을, 사회에는 신뢰를 만들어줍니다.

입구론의 시각에서

입구론은 단순한 '사고 예방 철학'이 아닙니다.

기업이 세계 시장에서 살아남기 위해 반드시 선택해야 하는 경영 전략입니다.

입구에서 위험을 차단할 때, 기업은 규제를 덜 두려워하고, 보상 비용을 절감하며, 무엇보다 생산성과 신뢰라는 무형의 자산을 얻습니다.

즉, 예방은 곧 경쟁력이고, 안전은 곧 생산성입니다.

이 단순하지만, 강력한 진실을 받아들인 기업만이 변화의 시대 속에서 더 높이, 더 멀리 나아갈 수 있습니다.

다음을 향해

이 장에서는 예방이 어떻게 기업의 경쟁력과 생산성을 강화하는

토대가 되는지를 살펴보았습니다.

다음 장에서는, 세계가 주목하는 새로운 경영 패러다임인 "ESG와 안전 경영 – 글로벌 스탠다드와 연결하기"를 통해, 안전이 단순한 기업 내부 문제를 넘어 **국제 신뢰와 지속 가능 경영의 핵심**이 되는 길을 탐구하겠습니다.

제16장 │ **ESG와 안전 경영**
– 글로벌 스탠다드와 연결하기

투자자가 묻는 질문

몇 해 전, 한 대기업이 해외 투자자들과 화상회의를 했습니다.

재무제표, 매출 전망, 기술 경쟁력에 관한 질문이 이어졌습니다.

모두가 '얼마나 돈을 잘 버느냐'에만 관심을 둘 것 같았습니다.

그런데 회의 말미, 한 해외 투자자가 돌연 이런 질문을 던졌습니다.

"귀사의 산업재해율은 얼마입니까?

그리고 안전 경영을 위해 어떤 노력을 하고 있습니까?"

순간 회의실은 정적에 잠겼습니다.

경영진도 예상치 못한 질문이었기 때문입니다.

예전 같으면 투자자들은 오직 **매출과 이익**만을 물었을 것입니다.

그러나 이제는 달라졌습니다.

투자자는 '안전'을 기업가치의 핵심 지표로 보고 있는 것입니다.

이 장면은 한 기업의 일화에 그치지 않습니다.

지금 전 세계 투자 시장은, 기업의 재무적 성과뿐 아니라 **ESG 경영**—환경, 사회, 지배구조—을 종합적으로 평가하는 흐름으로 바뀌고 있음을 보여줍니다.

ESG와 안전

ESG는 이제 단순한 유행어가 아니라 **글로벌 스탠다드**가 되었습니다.

기업이 이익을 내는 것만으로는 더 이상 인정받을 수 없습니다.

환경을 보호하고, 사회적 책임을 다하며, 투명하고 공정하게 운영해야만 세계 시장에서 살아남을 수 있습니다.

그중에서도 S(Social, 사회) 영역에서 가장 중요한 요소가 바로 **안전**입니다.

근로자의 생명을 지키는 것,

협력업체와 지역 사회의 안전을 보장하는 것,

사고와 재해 데이터를 투명하게 공개하는 것.

이 세 가지는 단순히 "좋은 회사"의 조건이 아니라, **투자자의 의사결정을 좌우하는 기준**이 되었습니다.

한 연구에 따르면 글로벌 연기금과 기관투자자들은 최근 몇 년간 안전사고가 잦은 기업을 투자 포트폴리오에서 제외하는 경향을 보이고 있습니다.

다시 말해, 안전에 소홀한 기업은 자본조달 비용이 커지고, 국제 경쟁에서 자연스럽게 밀려나게 됩니다.

글로벌 스탠다드

국제 사회는 이미 안전을 '선택'이 아닌 **필수 요건**으로 규정했습니다.

ISO 45001: 전 세계가 공통으로 사용하는 안전보건경영시스템 표준으로, 인증 여부는 글로벌 기업 간 거래에서 중요한 신뢰 지표가 됩니다.

GRI (Global Reporting Initiative) 보고서
: ESG 공시에서 산업재해율, 안전 활동, 근로자 보호 제도를 투명하게 공개하도록 요구합니다.

국제 투자 펀드의 기준
: 세계 주요 연기금과 투자기관들은 안전사고가 잦은 기업을 위험 기업으로 간주하고, 투자 대상에서 배제합니다.

이제 안전은 단순히 규제를 피하기 위한 '방어막'이 아니라, 세계 시장에 참가하기 위한 **패스포트**입니다.

안전을 등한시하는 기업은 국제 무대에서 점점 설 자리를 잃게 됩니다.

우리 기업의 과제

안타깝게도 여전히 많은 한국 기업은 안전을 "내부 관리 차원의 문제"로만 바라봅니다.

"법에서 요구하는 것만 하면 된다"라는 최소한의 인식에 머무르는 경우도 많습니다.

하지만 해외 바이어와 투자자들은 이렇게 묻습니다.
"당신 회사의 안전 경영 수준은 어느 정도입니까?"

안전관리가 미흡한 회사는 단순히 규제 위반 위험 때문이 아니라, 글로벌 시장에서의 **신뢰 부족**으로 계약에서 탈락합니다.

반면, 안전을 철저히 관리하는 회사는 제품의 품질뿐 아니라 기**업의 책임 있는 태도**로 높은 평가를 받습니다.
이는 곧 수출 확대, 장기 파트너십, 안정적 투자 유치로 이어집니다.

결국 안전은 기업 내부의 복지 차원을 넘어, 국제 무대에서 경쟁력을 확보하는 핵심 요건입니다.

예방과 ESG의 만남

입구론적 예방은 ESG의 흐름과 정확히 맞닿아 있습니다.

사고가 난 뒤 보상하고 제도를 강화하는 방식은 **국제 사회가 요구하는 '지속가능성'의 기준과는 어긋나는 방식입니다.**
반면, 예방 중심의 안전 경영은 세 가지를 동시에 충족합니다.

근로자의 권리를 존중하는 기업문화 (Social),

재해와 낭비를 줄이는 효율적 자원 관리 (Environment),

투명하게 안전 정보를 공개하고 책임을 다하는 구조 (Governance).

즉, 예방은 단순히 안전을 지키는 방법을 넘어, **ESG라는 글로벌 스탠다드와 기업을 연결하는 다리입니다.**

자기 계발의 시각에서

안전 경영과 ESG를 개인의 성장에 비유하면 이해가 더 분명해집니다.

예를 들어, 학생이 성적만 잘 받는다고 해서 좋은 평가를 받는 것은 아닙니다.

요즘은 협업 능력, 윤리적 태도, 사회적 책임까지 함께 평가받습니다.

마찬가지로 기업도 단순히 매출과 이익만으로는 살아남을 수 없고, **안전 · 윤리 · 책임의 균형**을 갖춘 '전인적 성장'을 요구받고 있는 것입니다.

즉, 안전은 기업의 **내부 규율**을 넘어, 자기 계발에서 말하는 **인격적 성숙**과 같은 위치에 있습니다.

성숙한 개인이 사회적 신뢰를 얻듯, 안전을 실천하는 기업만이 글로벌 시장에서 **투자자와 소비자의 신뢰를 얻을 수 있습니다.**

입구론의 메시지

오늘날 안전은 더 이상 국내 법규 준수에만 머무를 수 없습니다.

안전은 ESG 시대의 공용 언어이자, 글로벌 경제의 보이지 않는 심장입니다.

기업이 예방 중심의 안전 경영을 실천할 때, 그것은 단순히 사고를 막는 것을 넘어 **국제 무대에서의 지속 가능한 경쟁력을 보장합니다.**

예방은 선택이 아니라, 세계와 연결되는 열쇠입니다.

다음을 향해

이 장에서는 ESG와 안전 경영이 어떻게 글로벌 스탠다드와 맞닿아 있는지 살펴보았습니다.

다음 장에서는, 예방이 가져오는 더 깊은 사회적 효과—**"사회적 신뢰 회복 – 예방 중심 국가로 가는 길"**—를 이야기하겠습니다.

제17장 │ 사회적 신뢰 회복
– 예방 중심 국가로 가는 길

무너진 다리, 무너진 신뢰

1994년 성수대교가 무너졌을 때, 사람들은 단순히 다리의 붕괴 자체에만 충격을 받은 것이 아니었습니다.

"우리가 매일 건너던 다리가 사실은 안전하지 않았구나."

이 깨달음은 단순한 불편을 넘어, 국가와 사회에 대한 근본적 신뢰를 흔들어 놓았습니다.

1995년 삼풍백화점 붕괴 때도 마찬가지였습니다.

시민들이 받은 충격은 단지 건물이 무너졌다는 사실에 있지 않

있습니다.

"기업과 행정이 우리의 안전을 지켜줄 것"이라는 믿음이 산산조
각 난 순간이었습니다.

이후에도 구의역 스크린도어 사고, 제천 스포츠센터 화재, 이천
물류창고 화재 등 대형 참사가 반복될 때마다,
국민의 마음속 신뢰의 다리는 조금씩 더 부서져 갔습니다.

건물이 무너질 때만 무너진 것이 아니라, **사람과 사회를 지탱하
던 보이지 않는 신뢰의 기둥이 함께 무너져 내렸던 것입니다.**

신뢰는 눈에 보이지 않지만

사회는 법이나 제도만으로 유지되지 않습니다. **보이지 않는 신
뢰**라는 토대 위에 서 있습니다.

근로자는 회사가 안전을 보장해 줄 것이라는 믿음이 있어야 안
심하고 일할 수 있습니다.

시민은 국가가 재난과 위험으로부터 자신을 지켜줄 것이라는 신뢰가 있어야 일상을 이어갈 수 있습니다.

하지만 사고가 반복되면 그 신뢰는 눈에 보이지 않게 무너져 갑니다.

신뢰가 사라지면 어떤 일이 벌어질까요?

근로자는 불안을 안고 일합니다.
불안은 집중력을 해치고, 결국 생산성 저하로 이어집니다.

기업은 불신을 떠안습니다.
"저 회사는 안전하지 않다"라는 낙인이 찍히면 거래처는 멀어지고, 고객은 등을 돌립니다.

사회는 분열됩니다.
시민들은 분노하고, 정부와 기업을 불신하며, 공동체적 연대가 약화됩니다.

신뢰는 눈에 보이지 않지만, 사라지는 순간 사회 전체가 흔들립니다. 결국 **예방 없는 안전**은 곧 국가적 신뢰의 붕괴로 이어집니다.

예방이 만드는 새로운 신뢰

그러나 반대의 장면도 있습니다. 예방이 제대로 작동하는 순간, 무너졌던 신뢰는 조금씩 회복됩니다.

몇 년 전, 한 공장에서 위험성 평가를 도입했습니다.

작업자들이 함께 모여 작은 위험을 하나하나 찾아내고 개선했습니다.

그 결과, 현장에서는 눈에 띄는 사고 감소 효과가 나타났습니다.

어느 날 한 직원이 이렇게 말했습니다.

"우리 회사는 진심으로 안전을 생각하는구나. 그냥 법 때문에 하는 게 아니네."

또 다른 사례로, 한 지방자치단체는 **스마트 센서 기반 화재 조기 감지 시스템**을 도입했습니다.

작은 연기와 온도 상승을 즉시 감지해 소방서에 자동으로 알림이 가도록 한 것입니다.

몇 차례 실제 화재가 대형 사고로 번질 뻔했지만, 조기 대응으로 피해를 최소화할 수 있었습니다.

주민들의 반응은 단순했습니다.

"우리 동네는 안전하다. 안심하고 살 수 있다."

예방은 사고를 막는 것에 그치지 않고, 사람들의 마음속에 신뢰와 안정을 심어줍니다.

신뢰가 쌓이면 사회는 더 단단해지고, 시민들은 불안 대신 안도 속에서 삶을 꾸려갈 수 있습니다.

예방 중심 국가의 모습

세계에서 가장 안전한 나라로 꼽히는 북유럽 국가들의 공통점은 무엇일까요?

그것은 단순한 부유함이 아닙니다. 바로 "예방을 국가 운영의 철학으로 삼는다"라는 점입니다.

기업은 안전 투자를 의무가 아니라 근로자의 **권리와 기업의 책무**로 인식합니다.

정부는 사고 후 처벌보다 **사전적 예방** 지원에 자원을 집중합니다.

노동자와 시민은 **"우리 사회는 안전하다"**라는 기본적 신뢰 속에서 생활합니다.

이런 구조가 만들어 내는 효과는 단순한 사고 감소에 그치지 않습니다.

예방 중심 국가는 국민 삶의 질이 높아지고, 국제 사회로부터 '안전한 나라, 믿을 수 있는 파트너'라는 평가를 받습니다.
이는 곧 국가 경쟁력으로 직결됩니다.

자기 계발의 시각에서 본 신뢰

개인적인 성장 과정에서도 신뢰는 똑같이 중요합니다.

예를 들어, 친구와의 약속 시간을 지키지 않는다면, 처음에는 이해해 주더라도 몇 번 반복되면 신뢰는 무너집니다.

한 번 깨진 신뢰를 회복하기 위해서는 몇 배의 노력이 필요합니다.

산업안전도 마찬가지입니다.

사고가 터진 뒤 아무리 많은 보상과 사과를 해도, 한번 잃은 사회적 신뢰를 되찾기는 어렵습니다.

반대로 작은 예방 행동—안전모를 챙기는 습관, 위험 요소를 미리 점검하는 태도—이 모여 **신뢰라는 자산**을 쌓아 올립니다.

따라서 **예방은 사회적 신뢰를 유지하고 회복하는 가장 강력한 방법**입니다.

개인이든 기업이든, 신뢰는 한번 무너지면 회복 비용이 엄청납니다.

그렇다면 가장 현명한 전략은 애초에 그 신뢰를 잃지 않도록 **입구에서 막는 것**입니다.

입구론의 메시지

"입구에서 막으면, 사고만 줄어드는 게 아니라 신뢰까지 지킬 수 있다."

예방은 규정 준수를 넘어서 **사회적 신뢰를 떠받치는 기둥**입니다.

국민이 안심하고 생활하며, 기업이 세계 무대에서 인정받고, 정부가 신뢰를 얻는 모든 출발점은 **예방**입니다.

신뢰는 한번 무너지면 다시 세우기 어렵습니다.

하지만 **예방이 생활화된 사회**는 매일 조금씩, 눈에 보이지 않는 신뢰의 다리를 단단히 세워갑니다.

그 다리가 바로 '안전 한국'으로 가는 길입니다.

다음을 향해

이 장에서는 예방이 어떻게 **사회적 신뢰를 회복시키고**, 국가 경쟁력을 강화하는 토대가 되는지를 살펴보았습니다.

다음 장에서는, 4차 산업혁명 시대에 맞춰 "디지털 전환과 예방 – AI · IoT · 빅데이터 활용"을 주제로, 기술과 예방이 만나 만들어 낼 스마트 안전의 미래를 이야기하겠습니다.

제5편

미래를 향한 안전 패러다임

제18장 | 디지털 전환과 예방
– AI · IoT · 빅데이터 활용

현장에서 울린 알람

한 건설 현장에서 한 근로자가 안전띠를 착용하지 않은 채 고소 작업장으로 올라가고 있었습니다.

그 순간, 그의 스마트 안전모에 장착된 센서가 움직임을 감지했습니다.

관리자의 태블릿에 빨간 알림이 뜨자, 즉시 무전이 울렸습니다.

"안전띠 확인하세요!"

근로자는 그제야 벨트를 매고 작업을 시작했습니다.

사고는 일어나지 않았습니다.

만약 그 작은 알람이 없었다면, 그 순간은 돌이킬 수 없는 **추락** 사고로 이어졌을지도 모릅니다.

디지털 기술이 예방의 최전선에서 **한 사람의 생명을 지켜낸** 순간이었습니다.

디지털 전환이 바꾸는 안전

과거의 안전관리는 주로 '사람의 눈'과 '관리자의 지시'에 의존했습니다.

감독관이 현장을 직접 확인하고, 관리자가 수시로 지적하는 방식이었죠.
하지만 사람의 눈은 한계가 있습니다.
순간의 방심, 놓친 작은 신호가 큰 사고로 이어질 수 있었기 때문입니다.

이제는 다릅니다.

AI, IoT, 빅데이터와 같은 디지털 기술이 사람의 눈과 귀, 심지어 직관까지 보완합니다.

사고가 발생한 후가 아니라, 사고가 일어나기 직전에 위험을 감지하고 경고하는 시대가 열린 것입니다.

AI - 위험을 읽는 눈

AI는 과거 수십만 건의 사고 데이터를 학습하여, 현장에서 나타나는 **위험 패턴**을 실시간으로 분석합니다.

예를 들어, CCTV 화면을 통해 다음과 같은 상황을 즉시 포착합니다.

안전모를 착용하지 않은 작업자,
추락 위험이 있는 불안정한 자세,
안전 구역을 벗어난 중장비의 움직임.

사람이 놓치기 쉬운 순간들을 AI는 **끊임없이 관찰하고 즉시 알림**으로 전환합니다.

AI는 '사후 보고자'가 아니라, 현장의 **즉각적인 경고 시스템**이 됩니다.

IoT - 현장을 연결하는 감각

IoT(사물인터넷) 기술은 공장과 현장의 곳곳에 센서를 배치해, 온도, 압력, 가스 농도, 기계 진동 같은 데이터를 실시간으로 수집합니다.

· 가스 누출이 일어나기 전 미세한 농도 변화 감지,
· 기계가 과열되기 전 이상 신호 포착,
· 작업자가 과로로 쓰러지기 전 생체 데이터 경고.

IoT는 마치 **사람의 신경망**처럼 현장을 촘촘히 연결하고, 위험을 관리자에게 즉각 알려줍니다.

사람이 인지하지 못한 **작은 징후**를 기계가 대신 알아차림으로써, 예방의 속도가 비약적으로 빨라집니다.

빅데이터 – 위험을 예측하는 힘

빅데이터 분석은 단순히 과거 사고를 기록하는 데서 그치지 않습니다.

수많은 산업현장의 데이터를 모아, **어떤 조건에서 사고가 반복적으로 발생하는지**를 찾아냅니다.

예를 들어, 한 제조업체는 데이터를 분석한 끝에,
월요일 아침과 금요일 오후에 사고가 집중된다는 사실을 발견했습니다.
원인은 명확했습니다.
주말 후의 업무 감각 부족과 주중 피로 누적이 겹친 시간이었던 것이죠.

이를 바탕으로 회사는 해당 시간대에 **위험 작업을 줄이고,** 안전 **점검과 스트레칭 프로그램**을 강화했습니다.

그 결과, 사고율은 절반 이하로 떨어졌습니다.
빅데이터는 단순히 과거를 기록하는 '후기'가 아니라, **미래를 안**

내하는 나침반이 됩니다.

디지털 예방 패러다임의 의미

AI · IoT · 빅데이터는 단순한 기술 혁신이 아닙니다.

이들은 **예방의 방식을 근본적으로 전환하는 새로운 패러다임입**니다.

사고가 난 뒤 원인을 찾는 것이 아니라,
사고가 일어나기 전에 징후를 읽고 차단하는 것.
이는 바로 **입구론의 철학과 정확히 맞닿아 있는 지점입니다.**

강물이 범람하기 전에 댐으로 수위를 조절하듯,
디지털 기술은 위험이 본격적으로 현실이 되기 전에 **선제적 대**응을 가능하게 합니다.

작은 알람 하나가 수십억 원의 피해, 수많은 생명을 지킬 수 있는 방패가 되는 시대가 열린 것입니다.

자기 계발의 시각에서 본 디지털 예방

디지털 안전을 개인의 성장에 빗대어 볼 수도 있습니다.

예를 들어 시험공부할 때, 단순히 시험이 끝난 뒤 결과를 확인하는 것만으로는 부족합니다.

중간에 **모의고사 점검**이나 **공부 패턴 분석**을 통해 미리 부족한 부분을 보완할 때,
실제 시험에서 큰 실수를 줄일 수 있습니다.

AI · IoT · 빅데이터가 하는 역할도 같습니다.

사람이 실수하기 전에 알려주고, 위험이 커지기 전에 방향을 조정하게 돕습니다.

즉, 디지털 예방은 개인에게는 **자기 피드백 도구**, 기업에는 **미래를 예측하는 안전 전략**이 되는 것입니다.

미래를 향한 메시지

앞으로의 안전은 단순히 사람의 의식과 규정 준수에만 의존하지 않습니다.

사람과 기술이 함께 움직이며, 위험을 보고·듣고·예측하는 사회로 나아가고 있습니다.

AI가 눈이 되고, IoT가 신경망이 되며, 빅데이터가 두뇌가 되는 것입니다.

디지털 전환은 일시적 유행이 아니라,
예방을 더 확실하게, 더 빠르게, 더 똑똑하게 만드는 길입니다.

우리가 이 길을 포기하지 않는다면, 미래의 산업현장은 지금보다 훨씬 안전해질 것입니다.

다음을 향해

이 장에서는 디지털 기술이 어떻게 예방을 강화하고,

입구론의 철학을 한 단계 더 진화시키는지를 살펴보았습니다.

다음 장에서는, 기술을 넘어 인간의 마음과 조직의 태도에 집중하며

"안전문화 혁신 – 현장 근로자 참여와 리더십"이 어떤 변화를 만드는지 함께 알아보겠습니다.

제19장 │ 안전문화 혁신
– 현장 근로자 참여와 리더십

현장의 작은 목소리

한 제조업체에서 일하던 한 근로자가 관리자에게 이렇게 말했습니다.

"이 기계 옆에 설치된 비상정지 버튼이 너무 멀리 있어요. 혹시 사고가 나면 손이 닿지 않을 것 같아요."

처음엔 대수롭지 않게 여겨졌습니다.
"지금까지 사고 없었으니 괜찮겠지."

그러나 위험은 '없었던 적'이 아니라 '언제든 일어날 수 있는 것'입니다.

몇 달 뒤, 실제로 기계가 갑자기 멈추지 않는 사고가 발생했습니다.

다행히 그전에 버튼 위치를 옮겨놓은 덕분에, 근로자는 재빨리 버튼을 눌러 사고를 막을 수 있었습니다.

한 명의 작은 목소리가, 한순간의 큰 사고를 막아낸 것입니다.
이 사건은 분명한 메시지를 전합니다.

"안전은 위에서 내려오는 지침만으로 완성되지 않는다.

현장에서 일하는 사람들의 참여가 있을 때 비로소 살아 있는 안전문화가 만들어진다."

근로자 참여의 힘

근로자는 현장의 가장 앞에 서 있는 사람들입니다.

그들은 매일 기계와 설비를 직접 다루고, 눈과 손으로 위험을 먼저 감지합니다.

책상 위의 규정이나 문서보다 현장 경험에서 오는 '감각'이 훨씬 빠르고 정확합니다.

따라서 안전문화 혁신의 첫걸음은 근로자가 자신의 목소리를 낼 수 있는 구조를 만드는 것입니다.

- **작업 전 위험 요인 회의** – 매일 아침, 작업을 시작하기 전에 동료들과 위험을 공유합니다.
- **즉시 보고 제도** – 위험을 발견하면 지체 없이 알릴 수 있는 통로를 열어 둡니다.
- **개선 제안 제도** – 작은 아이디어라도 제출하고, 실제로 반영되는 경험을 통해 참여 동기를 높입니다.

이러한 참여가 쌓이면 현장은 달라집니다.

과거에는 위험을 숨기는 것이 문화였다면, 이제는 **위험을 찾아내고 공유하는 것이 당연한 문화**가 됩니다.

'내가 조심하면 된다'라는 수준을 넘어, **"동료도 지켜야 한다"**라는 집단적 책임감이 자리 잡습니다.

리더십의 역할

아무리 많은 근로자가 목소리를 낸다고 해도, 그것을 **진심으로** 듣고 **반영하는 리더**가 없다면 변화는 일어나지 않습니다.

실제로 한 현장에서, 한 작업자가 "기계 소리가 이상하다"라고 보고했지만, 관리자가 "원래 그런 거야"라며 무시했습니다.

몇 주 뒤, 그 기계는 결국 폭발했고, 수천만 원의 피해와 함께 여러 명이 다치는 사고로 이어졌습니다.
작은 목소리를 무시한 결과였습니다.

반대로, 다른 한 기업의 대표는 매주 직접 현장을 돌며 묻곤 했습니다.

"작업하면서 불편한 점은 없습니까? 위험하게 느껴진 순간은 없었나요?"

그가 메모를 들고 다니며 직원들의 의견을 하나하나 기록하고, 곧바로 개선 조치를 하는 모습을 보자 근로자들의 태도가 달라졌습니다.

"우리 이야기를 진짜 들어주는구나."

이런 확신은 곧 **자발적 참여와 충성심**으로 이어졌습니다.

리더십은 단순한 지시나 구호에서 나오지 않습니다. **현장을 향한 진정성 있는 관심과 실행**에서 나옵니다.

안전이 문화가 될 때

교육, 기술, 제도는 모두 필요합니다.
하지만 그것만으로는 **안전이 생활 속에 뿌리내리기 어렵습니다.**

진짜 안전은 근로자 한 사람 한 사람의 행동과, 이를 존중하는 리더십이 만나 **문화**로 자리 잡을 때 비로소 완성됩니다.
문화로 자리 잡은 안전은 특별한 지시가 없어도 자연스럽게 실천됩니다.

· 동료가 안전모를 쓰지 않으면 서로가 알려주고,

· 위험한 상황을 발견하면 숨기지 않고 함께 해결책을 찾고,

· 관리자는 잘 지킨 직원에게 감사와 칭찬을 아끼지 않습니다.

이런 문화가 정착되면, "오늘도 무사히"라는 문구는 더 이상 구호가 아니라 **실제 현장의 일상**이 됩니다.

자기 계발의 시각에서 본 안전문화

안전문화는 개인의 삶에서도 그대로 적용됩니다.

혼자서만 계획을 세우고 지켜보려 하면 오래가지 못합니다.

주변 친구와 함께 스터디를 만들고, 서로의 공부 상황을 점검해 주고, 작은 실수를 지적해 주는 문화를 만들 때 비로소 꾸준히 성장할 수 있습니다.

즉, 개인의 자기 계발도 일종의 '안전문화'가 필요합니다.

습관을 만들고, 피드백을 받아들이고, 작은 실천을 생활화해야

성과가 이어집니다.

입구론의 메시지

예방 중심의 입구론은 기술과 제도를 넘어 **사람과 문화를** 강조합니다.

"입구에서 막는다"라는 것은 단순히 기계 장치를 보강하는 것이 아니라, **사람의 마음과 조직의 문화를 바꾸**는 일입니다.

리더가 귀를 기울이고, 근로자가 참여하며, 서로가 서로를 지켜주는 문화.
그때 비로소 입구론은 **현장에서 살아 있는 힘을** 발휘합니다.

다음을 향해

이 장에서는 **안전문화 혁신이 근로자의 참여와 리더십에서 비롯**되는 과정을 살펴보았습니다.

다음 장에서는, 예방이 사회 전체로 확장되는 단계,

"Zero Accident를 향한 사회적 합의 – 정부·기업·노동자의

공동 책임"에 대해 이야기하겠습니다.

제20장 | Zero Accident를 향한 사회적 합의
– 정부 · 기업 · 노동자의 공동 책임

"누구의 잘못입니까?"

큰 사고가 발생하면 언제나 같은 장면이 반복됩니다.

언론은 현장을 비추며 묻습니다.

"이건 누구의 잘못입니까?"

기업은 말합니다.

"예상치 못한 돌발 사고였습니다."

노동자는 말합니다.

"인력이 부족했습니다. 위험한 상황을 알렸지만 들어주지 않았습니다."

정부는 말합니다.

"관리 · 감독을 강화하겠습니다."

책임은 늘 이쪽저쪽으로 떠밀려 다니지만, 결국 남는 것은 **희생자의 이름과 가족의 눈물**뿐입니다.

그러나 냉정히 말해,
산업재해는 어느 한쪽의 잘못만으로 생기지 않습니다.

시스템의 허점, 관리자의 무관심, 근로자의 순간 방심이 얽히며 비극이 만들어집니다.

그렇다면 해법은 무엇일까요?

책임을 미루는 것이 아니라, 사회 전체가 함께 책임지는 것.
예방은 정부, 기업, 노동자가 동시에 움직일 때만 완성됩니다.

정부의 책임 - 제도와 지원

정부는 안전을 지켜내는 **기본 틀**을 세워야 합니다.

법과 제도, 감독과 행정은 여전히 필요합니다. 하지만 그것이 단순히 사고 후의 처벌에 머문다면 효과는 제한적입니다.

이제 정부의 역할은 **규제를 남발하는 감시자**가 아니라, **예방을 위한 조력자**로 전환되어야 합니다.

· 법과 제도를 정비해 안전을 모든 정책의 기본으로 삼고,
· 감독과 단속보다 **전문 기술 지원과 예방 투자**를 촉진하며,
· 특히 50인 미만 중소기업까지 안전망이 촘촘히 연결되도록 재정 · 교육 · 기술 지원을 확대해야 합니다.

정부가 "**안전은 국가의 우선 가치다**"라는 강력한 메시지를 사회 전반에 던질 때,
국민은 국가를 신뢰할 수 있고, 기업도 안전 경영을 외면하지 않게 됩니다.

기업은 근로자에게 가장 가까운 안전 주체입니다.

생산과 수익을 아무리 강조해도, 안전을 소홀히 하면 결국 더 큰 손실로 돌아옵니다.

"안전보다 중요한 이익은 없다"라는 철학이 경영의 중심에 자리해야 합니다.

실제로 한 전자부품 제조업체는 안전관리 비용을 절감하려다 화재 사고를 겪었습니다.

당장은 몇억 원을 아꼈지만, 사고 후 손실은 수십 배에 달했고 해외 거래처까지 잃었습니다.

반대로, 또 다른 회사는 매년 매출의 일정 비율을 **안전 투자 예산**으로 의무 편성했습니다.

위험성 평가, 설비 교체, 정기적인 안전 교육을 꾸준히 진행했죠.

그 결과 5년간 산재 '0건'을 기록했고, 글로벌 바이어들로부터

"안전이 보장된 회사"라는 신뢰를 얻었습니다.

　안전에 투자한 비용은 결국 더 큰 계약과 안정적 성과로 돌아왔습니다.

　안전은 더 이상 '의무 비용'이 아니라, 지속 가능한 경쟁력을 만드는 핵심 자산입니다.

노동자의 책임 – 참여와 실천

　안전은 위에서 내려오는 규정만으로는 지켜지지 않습니다.

　현장에서 기계를 다루고, 철골 위에 서 있는 사람은 바로 근로자 자신이기 때문입니다.

　아무리 좋은 안전장치와 제도가 있어도,

· 안전모를 쓰지 않으면, 머리는 그대로 노출됩니다.

· 안전띠를 매지 않으면, 추락은 한순간입니다.

· 위험을 발견하고도 "괜찮겠지"라며 넘어가면, 사고는 반드시 반복됩니다.

노동자는 스스로의 안전을 지키는 첫 번째 주체입니다.

또한 동료의 안전까지 함께 챙길 때, 현장은 비로소 살아있는 공동체가 됩니다.

"나 하나쯤이야"라는 생각이 아니라,
"내가 지키는 것이 곧 우리 모두를 지킨다"라는 인식이 자리 잡아야 합니다.

Zero Accident는 합의의 결과

Zero Accident(무재해)는 어느 한쪽의 노력만으로는 도달할 수 없는 목표입니다.

정부가 규제를 강화해도, 기업이 비용을 투자해도, 근로자가 안전 수칙을 지키지 않으면 사고는 반복됩니다.

반대로 노동자가 주의해도, 기업이 제도를 무시하거나 정부가 지원하지 않으면 역시 한계가 있습니다.

따라서 Zero Accident는 정부·기업·노동자가 서로 책임을 공유하고, 협력적 합의를 이룰 때만 가능합니다.

· 정부는 제도를 세우고 지원을 아끼지 않으며,

· 기업은 안전을 경영의 최우선 가치로 두고,

· 노동자는 안전을 습관으로 실천합니다.

이 세 가지가 동시에 맞물릴 때,

산업재해의 흐름은 근본적으로 줄어들고,

우리 사회는 **예방 중심의 안전 국가**로 나아갈 수 있습니다.

자기 계발의 시각에서 본 공동 책임

개인의 성장 과정에서도 비슷한 일이 일어납니다.

시험을 망쳤을 때 "교재가 어려웠다", "환경이 좋지 않았다"라고 책임을 돌려도 결과는 달라지지 않습니다.

공부의 성과는 **학생의 노력, 교수의 지도, 사회적 지원**이 함께할 때 비로소 극대화됩니다.

　산업안전도 마찬가지입니다.

　정부, 기업, 노동자 중 어느 하나라도 빠지면 '빈 구멍'이 생기고,
그곳이 곧 사고의 입구가 됩니다.

　자기 계발 역시 주체적 노력 + 환경의 지원 + 멘토의 지도가
함께할 때,

　비로소 '무재해 성장(Zero Accident Growth)'이 가능합니다.

입구론의 마지막 메시지

　입구론은 한 명의 전문가가 외치는 구호가 아닙니다.

　사회 전체가 함께 지켜야 할 약속이자, 공동의 책임입니다.

· 정부는 안전의 울타리를 만들고,

· 기업은 안전을 경영의 심장에 두며,

· 노동자는 안전을 생활 속 습관으로 실천합니다.

이 세 주체가 함께 만들어 내는 합의가 있을 때,

우리는 마침내 "Zero Accident"라는 공동의 꿈에 다가설 수 있습니다.

그 순간, 산업현장은 단순한 일터가 아니라 **안전과 신뢰가 숨 쉬는 공동체**가 됩니다.

맺음말을 향하여

이 장에서는 **Zero Accident**가 어떻게 사회적 합의와 공동 책임 속에서만 가능해지는지 살펴보았습니다.

이제 마지막 맺음말에서는, 이 책 전체를 돌아보며

"예방은 선택이 아니라 생존 전략이며, 입구론이 열어가는 안전 한국의 길"을 함께 정리하고자 합니다.

맺음말

예방은 선택이 아니라 생존 전략이다.
입구론이 열어가는 안전 한국

다시 떠오르는 현장

책의 첫머리에서 우리는 성수대교, 삼풍백화점, 구의역 청년의
이야기를 떠올렸습니다.

사고는 한순간에 일어나지만, 그 여파는 수십 년 동안 이어집니다.
그 현장은 단순히 과거의 사건이 아니라, 지금도 우리에게 묻고
있습니다.

"안전을 소홀히 하면 어떤 일이 벌어지는가?"

다리 위를 건너는 시민의 발걸음, 백화점에서 장을 보던 가족들의 웃음, 스크린도어를 열던 청년의 손길.

모두가 당연하게 여겼던 일상이 무너졌을 때, 사람들은 비로소 깨달았습니다.

"사고는 막을 수 있었다. 다만, 입구에서 막지 못했을 뿐이다."

입구론의 진실

우리는 이 책에서 여러 차례 강조했습니다.

감독은 필요합니다. 보상도 중요합니다.
그러나 그것만으로는 사람의 생명을 지켜낼 수 없습니다.

예방, 바로 **입구에서 위험을 차단하는 것**이 모든 안전의 출발점이자, 감독과 보상의 전제조건입니다.

· 위험성 평가라는 **작은 메모 한 장**이 한 근로자의 손을 지켰습니다.

· PSM이라는 설계도가 대형 사고의 싹을 잘라냈습니다.

· 중소기업 지원사업은 **사각지대에 빛을 비추는 다리**가 되었습니다.

· 안전 교육과 캠페인은 **사람들의 행동을 바꾸는 힘**이 되었습니다.

· 연구와 기술은 보이지 않는 위험까지 **예측하는 눈과 귀**가 되어주었습니다.

· 그리고 무엇보다 근로자의 **참여와 리더십**이 안전을 조직의 문화로 바꾸었습니다.

이 모든 사례가 말해 주는 것은 단순합니다.

모든 변화의 시작점은 "사고가 일어나기 전에, 입구에서 막는 것"이라는 사실입니다.

예방은 개인의 성장에도 통한다

산업안전의 '입구론'은 개인의 자기 계발에도 그대로 적용됩니다.

우리는 시험에서 떨어지고, 건강을 해치고, 인간관계가 무너진 뒤에야 대책을 세우곤 합니다.

"그때 조금만 더 준비했더라면…" "그때 말을 아꼈더라면…" 하는 후회는 언제나 늦게 찾아옵니다.

그러나 **입구에서 습관을 다잡는 사람**은 같은 후회를 반복하지 않습니다.

· 시험 전 미리 계획을 세우는 습관,
· 스트레스를 쌓기 전에 작은 휴식으로 조절하는 지혜,
· 갈등이 커지기 전 솔직하게 대화하는 용기.

이것이 바로 개인적 차원에서의 'Zero Accident'입니다.
인생에서도 사고는 운명이 아니라 예방의 결과이기 때문입니다.

안전 한국을 향하여

우리가 입구에서 사고를 막는 문화를 사회 전반에 뿌리내린다면, 산업현장은 더 이상 두려움의 공간이 아니라, **안심하고 일할 수 있는 터전**이 될 것입니다.

기업은 신뢰와 경쟁력을 얻고, 정부는 재정 건전성을 확보하며,
근로자와 가족은 삶의 안전을 지킬 수 있습니다.

예방은 비용이 아닙니다. 그것은 **사람을 지키는 투자입니다.**
예방은 선택이 아닙니다. 그것은 **함께 살아가기 위한 생존 전략**
입니다.
그리고 예방은 우리가 미래 세대에게 남겨줄 **가장 값진 유산이**
될 것입니다.

마지막 다짐

저는 이 책을 쓰며 다시 한번 다짐했습니다.
"안전은 멀리 있는 거대한 이상이 아니라, 오늘 내가 지켜야 할
가장 작은 약속에서 시작된다."

이 책이 작은 등불이 되어
당신의 일터, 당신의 가정, 그리고 우리의 사회가
조금 더 안전하고, 조금 더 따뜻해지기를 바랍니다.

입구론. **예방으로 가는 길.**

그 길 끝에 우리가 꿈꾸는 '안전 한국'이 있습니다.

부록

1. 주요 산업재해 사례와 입구론적 분석

(1) 성수대교 붕괴 (1994)

사고 개요: 출근 시간대에 다리가 붕괴해 32명이 사망

원인: 부실시공, 관리 부재, 정기 점검 형식화

입구론적 분석: 교량 설계 · 시공 단계에서 품질 관리 입구를 제대로 막지 못함

정기 점검이 사후적 형식에 그치지 않고, 예방 중심으로 이뤄졌다면 사고는 막을 수 있었음

교훈: 시설물 안전은 완공 이후보다 설계 · 시공 단계의 예방이 핵심

(2) 삼풍백화점 붕괴 (1995)

사고 개요: 건물 붕괴로 502명 사망, 937명 부상

원인: 설계 변경, 불법 증축, 부실한 행정 감독

입구론적 분석: 무리한 증축을 허용하지 않는 제도적 입구를 막아

야 했음

건축물 구조 안전 진단이 사전에 철저히 이뤄졌다면 대형 참사는 없었을 것

교훈: 경제 논리가 안전 논리를 앞서면, 사회 전체가 대가를 치른다.

(3) 구의역 스크린도어 사고 (2016)

사고 개요: 19세 청년 하청 근로자가 혼자 스크린도어를 정비하다 사망

원인: 인력 부족, 외주 구조, 위험한 단독 작업

입구론적 분석: 위험 작업의 2인 1조 원칙이 지켜졌다면 막을 수 있었음

구조적 문제(외주화, 비용 절감)라는 입구를 통제하지 못함

교훈: 안전은 비용 절감의 대상이 아니라, 인간 존엄을 지키는 최소 조건

(4) 이천 물류창고 화재 (2020)

사고 개요: 공사 중 화재로 38명 사망

원인: 가연성 단열재, 안전관리 소홀, 불법 작업

입구론적 분석: 건축 자재 선택 단계에서 불연재 사용을 강제하는 제도적 입구 필요

용접·용단 작업 시 화재 감시자 배치라는 기본 예방 조치가 지켜
졌다면 참사는 없었을 것

교훈: "공사 중 안전"은 완공 후보다 더 중요하다.

2. 해외 예방 정책 요약

(1) EU (유럽연합)

핵심 정책: 위험성 평가(Risk Assessment) 의무화

특징: 기업 규모와 무관하게 위험 요인을 사전에 파악하고 문서화
해야 함

의의: 감독관은 "사고 이후 조사"가 아니라 "사전 평가 이행 여부"
를 먼저 확인

교훈: 예방이 곧 법적 의무로 자리 잡을 때, 산업재해율은 현저히
감소

(2) 일본

대표사례: KY 운동(Kiken Yochi, 위험예지 훈련)

특징: 작업 전 근로자가 직접 위험 요인을 말하고 손동작으로 확인

의의: 작은 습관이 근로자의 행동을 바꾸고 사고 예방으로 이어짐

교훈: 교육·훈련은 형식이 아니라 습관과 문화로 이어져야 함

(3) 북유럽 (스웨덴, 덴마크, 노르웨이 등)

철학: 안전은 "근로자의 권리이자 기업의 책임"

운영 방식: 정부의 강제 규제보다, 기업 · 노조 · 근로자가 협력적

위원회를 구성해 예방 중심 운영

의의: 사회 전체가 안전을 '합의된 가치'로 공유

교훈: 문화와 합의가 안전의 가장 강력한 토대

3. 관련 법·제도 정리

(1) 산업안전보건법 (산안법)

핵심: 사업주의 안전 · 보건 조치 의무 규정

예방 관련 조항: 위험성 평가 시행, 보호구 지급, 유해 · 위험 방지

조치

(2) 중대재해처벌법 (2022 시행)

핵심: 경영 책임자의 안전보건 확보 의무

의미: 사고 후 책임 추궁이 아니라, 사전 예방 의무 강화에 초점

(3) 화재예방, 소방시설 설치·유지 및 안전관리에 관한 법률

핵심: 건축물 · 공장 · 창고의 화재 예방과 소방시설 유지 · 관리 의무

예방 측면: 초기 화재 감지 및 대피시설 확보를 제도적으로 강제

(4) 근로기준법·산재 보험법

근로기준법: 근로 시간 · 휴식 · 작업 환경 보장

산재 보험법: 보상 제도 마련

입구론 관점: 보상보다 예방을 위한 "적정한 근로조건 보장"이 핵심

참조문헌

1. 국내 법령 및 제도

· 고용노동부, 「산업안전보건법」, 법제처 국가법령정보센터, 2023

· 고용노동부, 「중대재해 처벌 등에 관한 법률」, 법제처 국가법령정보센터, 2022

· 근로복지공단, 산업재해보상보험 관련 지침 및 연차 보고서, 2022~2023

· 행정안전부, 「재난 및 안전관리 기본법」, 2023

· 소방청, 「화재예방, 소방시설 설치·유지 및 안전관리에 관한 법률」, 2023

2. 국내 연구 및 통계

· 이윤철 외, 「산업재해 예방을 위한 위험성 평가의 효과성 분석」, 한국안전학회지, 2019

· 한국산업안전보건공단(KOSHA), 「산업재해 통계 연보」, 2022, 2023

· 한국산업안전보건공단(KOSHA), 「위험성 평가 매뉴얼」, 2021

· 한국산업안전보건연구원, 「중소기업 안전보건 지원사업 효과 분석」, 2020

3. 해외 문헌 및 정책자료

· European Agency for Safety and Health at Work (EU-OSHA), "Risk Assessment and Prevention Strategies in Europe", 2019

· International Labour Organization (ILO), "Safety and Health at the Heart of the Future of Work", ILO Report, 2019

· Japan Industrial Safety and Health Association (JISHA), "Kiken Yochi Training(KY)" Manual, 2020

· OECD, "Occupational Safety and Health Policies in OECD Countries", 2021

· World Health Organization (WHO), "Healthy workplaces: a model for action", 2010

4. 학술 서적 및 일반 참고도서

· Dekker, S., "The Field Guide to Understanding Human Error", CRC Press, 2014

· Reason, J., "Managing the Risks of Organizational Accidents", Ashgate Publishing, 1997

· 박두용, 『안전보건관리론』, 한미출판사, 2020

· 이관형, 『산업안전공학』, 동화기술, 2021

5. 기타 참고자료

· 대한산업안전협회, 안전보건 캠페인 자료집, 2018~2022

· 언론 보도자료: 한겨레, 조선일보, 연합뉴스 등 주요 일간지의 산업재해 보도(1994 성수대교, 1995 삼풍백화점, 2016 구의역, 2020 이천 화재 사건 등)

입구(入口)론 :
예방(豫防)으로 가는 산업안전의 길

초판인쇄 2025년 11월 28일
초판발행 2025년 11월 28일

지 은 이 공홍두
펴 낸 이 채종준
펴 낸 곳 한국학술정보(주)
주   소 경기도 파주시 회동길 230(문발동)
전   화 031-908-3181(대표)
팩   스 031-908-3189
투고문의 ksibook1@kstudy.com
등   록 제일산-115호(2000. 6. 19)

ISBN   979-11-7457-322-3 13540